U0412102

小变化，大乐趣

儿童产品设计

吴冬玲　编著

清華大學出版社
北　京

内 容 简 介

本书内容主要包括：儿童产品设计概述、儿童产品设计创意思维与方法、儿童产品设计流程以及儿童产品设计主题教学研究。前面3章为理论部分，在阐述每个知识点时，将经典的儿童产品设计案例贯穿于设计理论之中，易于理解；后面的主题教学研究则分别由“轨迹”、“最爱”、“摇摆不定”、“便利”4个不同的主题教学内容构成。用主题教学的方式开展课程，旨在希望学生在具体的设计过程中摆脱固定的思维，通过对主题词的不同理解进行深入研究，拓展更广阔的思维空间。

本书是职业教育“十二五”国家级规划教材，适用于高职院校产品设计专业、玩具设计专业的专业课程教学，也可作为玩具设计专业培训机构、玩具企业培训教材，亦可供广大儿童产品设计人员及业余爱好者使用、参考。

本书封面贴有清华大学出版社防伪标签，无标签者不得销售。

版权所有，侵权必究。举报：010-62782989，beiqinquan@tup.tsinghua.edu.cn

图书在版编目(CIP)数据

小变化，大乐趣：儿童产品设计 / 吴冬玲编著．--北京：清华大学出版社，2015(2022.1 重印)
ISBN 978-7-302-36442-9

Ⅰ．①小…　Ⅱ．①吴…　Ⅲ．①儿童－产品设计－高等职业教育－教材　Ⅳ．①TB472

中国版本图书馆CIP数据核字(2014)第095827号

责任编辑：田在儒
封面设计：王跃宇
责任校对：刘　静
责任印制：沈　露

出版发行：清华大学出版社
网　　址：http://www.tup.com.cn，http://www.wpbook.com
地　　址：北京清华大学学研大厦A座　　**邮　　编：**100084
社 总 机：010-62770175　　**邮　　购：**010-62786544
投稿与读者服务：010-62776969，c-service@tup.tsinghua.edu.cn
质量反馈：010-62772015，zhiliang@tup.tsinghua.edu.cn
印 装 者：涿州汇美亿浓印刷有限公司
经　　销：全国新华书店
开　　本：185mm×260mm　　**印　　张：**9.75　　**字　　数：**232千字
版　　次：2015年1月第1版　　**印　　次：**2022年1月第3次印刷
定　　价：59.00元

产品编号：054260-02

前言

儿童产品设计是产品设计研究中的一个分支，目前国内很多院校正从事这方面的研究，如江南大学等本科院校把儿童产品设计纳入弱势群体研究之中，天津科技大学等一些综合性院校设置了玩具专业或学前教育等研究方向。2004年，苏州工艺美术职业技术学院工业设计系也新添了儿童产品设计的研究方向，在其他院校研究成果的启发和学院的大力支持下，不断探索开发新的课程。经过多年的理论和教学实践，已经收到了良好的教学效果。在这样的背景下，编者把这些年积累的教学内容整理成文，一方面对前期研究的内容进行有效梳理，同时也为今后的教学研究提供理论参考。

之所以为本书取名为“小变化，大乐趣”，也是有感于多年的儿童产品设计教学。产品设计研究的客观性、严谨性，往往使学生们将设计过程想得过于复杂；其实，设计有时只需要多观察、多思考，做一些小小的变化，就能产生耳目一新的视觉效果，使人产生强烈的心理共鸣。越微小的设计越能打动人心。以此作为书名，就是想告诉读者这个道理。

近年来，编者在具体的教学实践中，并没有直接应用一般的产品设计教学方法引导学生寻找这些“变化”，而是运用主题教学的方式，通过实验性教学让学生慢慢打开设计思路，从设计体验中感受儿童产品设计“小变化的乐趣”。本教材正是遵循这样的教学思路进行编写，具体编写特色如下。

（1）坚持以“能力培养为中心，理论知识为支撑”，用多个实验性案例证明课题的各个知识点，配以大量的主题研究图片，呈现“小变化，大乐趣”课题研究的全部过程。

（2）在编写结构上，以儿童的不同特点及需求为研究主线索，以“提出问题—分析研究—实验验证—得出结论—完善应用”这一科学探究的线型结构形式，引导学生主动参与、自主协作、探索创新的新型主题教学模式。

（3）每个项目独立、完整，都采用教师阐述课题要求、学生记录设计过程和教师进行过程评析、综合评析每个案例研究的侧重点并带进相关知识点的方式，原汁原味地呈现课堂研究的情景。

本书中学生调研部分图片源自网络，在这里对提供图片的网友表示特别感谢。同时，感谢苏州工艺美术职业技术学院校方的帮助与支持；感谢李方、耿蕊、衡晓东等老师的协力相助；感谢宁子阳、潘柳絮、欧兆韵、林享、荣潇、李丹、庄金山、周文等同学为本书编写所做的工作。

由于编者水平和知识结构的局限性，书中难免有不当之处，恳请诸位读者给予批评指正。

编　者

2014年6月

目录

理论基础篇

案例分析篇

理论基础篇

第1章 儿童产品设计概述

1.1 儿童产品设计定义

儿童产品设计，虽然只有简短的6个字，但是按照中国人咬文嚼字的理解，可有两种组合："儿童+产品设计"，"儿童产品+设计"。字虽没变，但这两种组合的意思却存在明显差异。

下面先对这两种拆分方式分别进行讨论，然后再认识"儿童产品设计"的定义。

按前者"儿童+产品设计"的组合，可以认为研究应侧重于用户对象"儿童"，即以用户（儿童）为导向进行的设计研究活动。因此需要知道儿童是指哪些人，他们有什么样的需求，为什么要研究儿童。

"儿童系指18岁以下的任何人。"该界定源自于1989年11月20日联合国大会通过的《儿童权利公约》。

之所以要研究儿童，是因为儿童期是人一生中最重要的发展阶段，儿童期发展的好坏直接影响着一个人日后能否树立正确的价值观、世界观，因此对这一阶段的研究有助于家长和社会更好地辅助儿童度过这一成长期；一些研究资料发现，在儿童懵懂的成长期内，他们往往因为某些能力方面的欠缺，其生活方式与成人存在明显差异。在儿童期有很多潜在的生活问题是成人不能直接感到的，这些未能被成人感知的问题会形成诸多设计盲点。作为设计研究者，有必要从儿童的视角观察他们的言行举止，观察他们的生活细节，通过具体的设计研究帮助他们解决不同的生活问题，为他们提供更好的生活条件。

按照后者“儿童产品＋设计”，不难发现理解的范畴侧重在“儿童产品”，即以产品为导向进行的设计研究活动。

儿童产品比较广泛，存在于儿童生活的各个角落。老舍先生在《往事随想》中说过：“一个小娃娃身上穿戴着全世界的工商业所能供给的……小孩的确是位小活神仙。”可见，儿童所用的产品（图1-1）同成人一样，一件都不能少。

图1-1　儿童所用的产品

一般所讲的儿童产品主要包括儿童的生活用品、学习用品、娱乐产品等。例如，儿童阅读的图书画册，观看的光碟、录像带，儿童穿戴的衣物、饰品，儿童使用的家具、玩具，儿童的电子产品、学习用品，甚至游戏、早教服务等，这一切都属于儿童产品的范畴。

尽管目前市场上的儿童产品种类繁多，且能够越来越多地为儿童提供方便，但是这并不意味着现有儿童产品存在合理性、适用性。传统观念对儿童产品造成的误解，致使目前很多儿童产品呈粗放型状态，无论是产品的外延意义（功能意义），还是产品的内涵意义都传达得不够充分。因此，儿童产品设计研究的任务不仅仅是研发新的产品，对现有儿童产品重新审视及优化升级也显得尤为重要。

综上所述，不难看出，前者指向的是“儿童”这一使用人群，后者“儿童产品”指向的是实际研究的范畴。一个研究的是用户需求，一个研究的是设计对象，那么结合一般产品设计的目的和意义，可以对儿童产品设计定义为：它是以1～18岁的儿童用户为中心，为满足儿童不同阶段、不同环境、不同目的的需求，为促进儿童身心健康发展，富于创造性的产品开发活动。

1.2 现代儿童产品设计的研究内容

1～18 岁是被公认的儿童期，在这一阶段孩子从牙牙学语、蹒跚学步到跑跳玩耍、察言观色，其生理发育、智力发育、心理素质甚至是价值观都在相互影响中快速形成。在这一阶段，不同的环境，不同的教育理念，会造就不同的人格。好比刚破土的嫩芽，给它阳光雨露还是不见天日的暗室，会出现完全两样的结果。在儿童的生活中，不论是生活用品还是学习用具，抑或是娱乐玩具，都是构成儿童生长环境的重要因素，这些儿童产品设计的优劣会直接影响孩子的身心健康。因此，做好儿童产品设计研究，对儿童的身心发展有重要意义。

儿童产品设计研究不仅要研究产品功能与形式这些可观可感的显在性设计因素，儿童的生理特征、心理特征以及行为特征等潜在性设计因素同样是研究者需要考虑的内容。儿童产品设计研究内容如图 1-2 所示。

显在性设计因素 ——→ 产品功能、产品形态、产品色彩等

潜在性设计因素 ——→ 儿童的生理特征、心理特征及行为特征等

图 1-2　儿童产品设计显在性与潜在性设计因素

1.2.1 儿童产品设计潜在性因素分析

设计事理学认为，产品设计是“实事求是”的研究过程，所谓“实事”，即设计首先要研究不同的人（或同一人）在不同环境、条件、时间等因素下的需求，从人的使用状态、使用过程中确立设计的目的；然后进行“造物”过程，即选择相应的结构原理、材料、工艺、设备、形态、色彩等进行产品实现。在这个观点中，“造物”造的是可观可感的显在性的产品，而“实事”则是研究者需要研究的潜在性内容。

儿童产品的设计研究中，用户的生理需求、心理需求以及社会认可都是儿童产品设计的潜在性研究内容，设计者通过对这些潜在性因素的挖掘，发现儿童具体的设计需求，并运用一定的设计手法将其转换成功能、形态等显在性设计元素。因此，要研究儿童产品设计，首先必须对儿童这一使用群体潜在的生理特征、心理特征以及行为特征等内容进行具体的分析。

1. 生理需求

生理需求，是指源自衣、食、住、行、用等方面的需求，它是人类最原始、最基本的需求。根据马斯洛的需求理论，人的需要是多方面、多层次的，人在较高级的需求出现之

前总是先要寻求低级需求的满足，生理需求就是维持个体生存最低级、最基本的需求。儿童与成人一样，都是以每一个个体存在的，同样存在这些基本需求（图 1-3）。只是与成人相比，儿童的生理需求内容与方式不一样，且有时比成人的需求更加细微繁多。例如，刚出生的婴儿，一哭泣时妈妈轻轻地摇一摇便会很快安静下来。他们刚离开母体缺乏安全感，一旦外界的频率与母亲怀孕时行走的频率、幅度一致，便会很快适应。因此在对婴儿床进行设计的时候，设计者要特别注意他们的这种生理性需求，注意床晃动的强度，以胎儿感受到的频率和幅度为宜，过分的摇晃会适得其反。

图 1-3　儿童日常生活必需用品

在儿童诸多的生理需求中，因成长带来的需求较为突出。儿童从出生到 18 岁一直处于生长发育阶段，其身高、体重、外貌等生理特征会随着年龄的增长发生明显的改变。在这一成长阶段中，儿童的骨骼、肌肉等身体因素将会加速成长，通过不断的自我完善，趋于成熟。儿童这些生理性的变化意味着不同需求的出现。在成长期内，最让家长头疼的是需要不断更新孩子的用品，经常会有家长抱怨“衣服小了，裤腿短了”，“安全坐椅扣不住了”，因此在选购儿童床、儿童餐椅、安全坐椅等儿童产品时，他们会从长远的角度考虑，会更加中意使用期较长的产品。图 1-4 是一款儿童餐椅，这款餐椅不仅满足了孩子在低龄阶段与成人一起用餐的心理，还可以为家长解除因孩子成长过快所带来的烦恼，家长可以轻松调节座位的高度适应孩子在不同阶段的用餐需求。餐椅的适用范围可从 1 岁延长至 12 岁，充分凸显此产品高性价比的特点。

图 1-5 所示 Smart kid 儿童组合家具深受家长欢迎，在婴儿阶段它可以整合为一款具有超强收纳能力的组合式婴儿尿布台，等到婴儿长成儿童时，婴儿尿布台可以分解成儿童床和学习桌。产品在满足儿童成长需求的同时又避免了重置家具的麻烦。

可见，儿童产品设计中，生理需求是必不可少的设计因素，只有考虑了儿童的基本需求，设计的儿童生活产品才变得有意义。

图 1-4　可调节儿童餐椅

图 1-5　Smart kid 儿童组合家具

2. 心理需求

儿童产品设计除了满足儿童的生理需求外，还应兼顾儿童的心理需求。良好的产品设计应能满足儿童不同的心理需求，对他们产生积极的心理影响。例如，儿童在初生阶段，家长常常会给孩子玩鲜艳的玩具，听动听的音乐。这是因为外界环境的刺激可以使儿童得到积极的心理暗示，促进他们健康成长。反之，如果外界传递的是消极、被动的信息，则会导致儿童该阶段的某些能力的形成滞后，甚至丧失，对性格和心理发展造成负面影响。因此，在设计儿童产品时需要灵活运用形象认识的心理学规律，对儿童产品的外观、颜色、材质、功能等因素进行合理优化，赋予其艺术美感，并通过儿童的视觉感官，使儿童接受产品信息，感受产品的艺术美感和功能乐趣，满足其心理需求。

根据马洛斯的需求理论，儿童的心理需求可以归纳为新体验、爱与安全感、赞扬与认可、责任感以及好奇心。这些心理需求伴随儿童的成长而不断呈现。儿童心理学家朱智贤认为，儿童从出生到成熟大约经历了六个重大时期：乳儿期、婴儿期、学前期、学龄初期、少年期、青年初期。在这六个时期，儿童因年龄的增加、认知能力的增强，会分别呈现不同的心理特点和需求。

婴儿期（1～2岁）：是儿童断乳以后的成长期，这一时期的婴儿刚刚开始学步，身体比乳儿期灵活，在好奇心的驱使下，开始用肢体活动扩大他们的探索范围。这一时期孩子最大的特点是喜欢模仿，模仿大人的语言、动作，通过模仿锻炼自己的语言和肢体能力。这些都是儿童新体验需求。新体验需求使儿童不断通过自身的努力享受各种尝试带来的成就感。同时，这一时期儿童的视觉和听觉能力也有明显提高，能够随着节奏鲜明的音乐自发地手舞足蹈，并希望通过这样的方式从家长那里获取赞扬和认可。

学龄前儿童（3～6岁）：这是幼儿期向学龄期过渡的重要成长期，是儿童成长发育的黄金时段。该时期儿童的主要生理特点是好动、好奇、兴趣不稳定。他们精力充沛，积极渴望尝试所有的事情，凡事都要自己亲自感受，有强烈的独立意识和责任感需求；不再满足于了解表面现象，喜欢刨根问底，有强烈的求知欲和认知兴趣。这一时段儿童的思维发展特点仍以具体的形象思维为主，抽象思维在后期逐渐萌芽。他们对外界充满好奇、幻想，喜欢以游戏为中心的生活方式。如图1-6所示，与过于理性、严肃的成人家具相比，儿童似乎更喜欢玩法多变的儿童家具；这一套家具不仅色彩丰富，造型可爱，更是为孩子们提供了不同的游戏功能，充分满足了这一阶段儿童的心理需求。

图1-6　玩法多变的儿童家具

此外，对于爱和安全感的需求是儿童心理需要的主要内容之一。童年时期的孩子非常渴望亲子间的交流，渴望得到父母的关心和疼爱。很多父母忙于工作，未必能及时满足孩子们的心理需求。根据这种情况，设计师设计了一款可以“讲述心事”的布绒玩具，如

图 1-7 所示，在小企鹅布绒玩具中加入了声学装置，企鹅的手掌处有一个木质话筒，头部有听筒，肚子内则藏有特殊的声音变换装置。当儿童对着话筒讲话时，声音经过特效处理，可以转变成趣味性的语调。产品从听觉角度满足了这一阶段的儿童的心理需求。

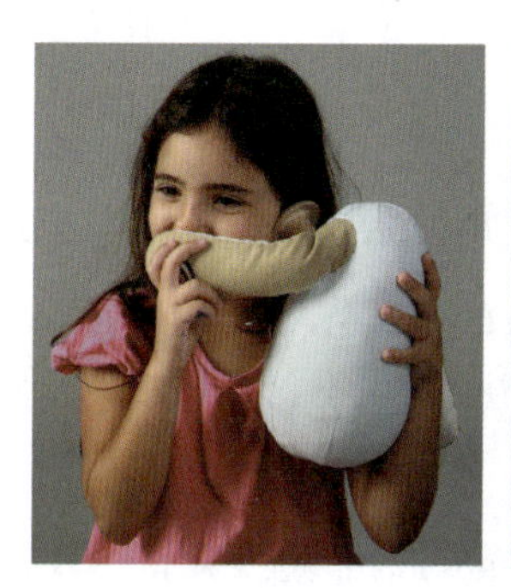
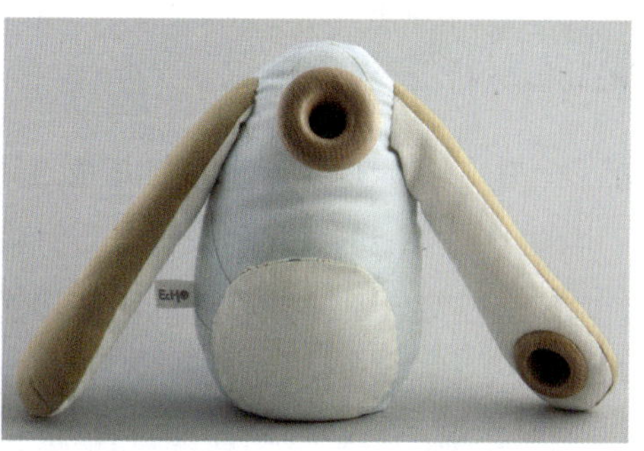

图 1-7　会讲故事的小企鹅

由此可见，儿童产品设计不是盲目的，它离不开对儿童心理特征的分析。成功的儿童产品应该充满创造力、能满足孩子的各种心理需求，使儿童在简单愉快的操作中提高自身的认知能力、判断能力和思维延展能力。

3. 行为特征

儿童行为特征，是指儿童在认识世界的过程中为了发展与完善自我而采取的一系列的动作或方式，所形成的具有普遍规律的现象。设计者通过对儿童各阶段行为特征的研究分析，确定儿童不同发展阶段的能力需求，为儿童产品设计中具体的功能研究提供很好的参考素材。

在不同的年龄段，儿童有代表性的行为特征。例如，2 岁的幼儿喜欢做一些组装或拆分的动作，他们喜欢玩拆装玩具，喜欢自己扣扣子、拉拉链、拼拼图，自己吃东西，等有趣的小肌肉活动，这一时期不论是儿童的大肌肉动作还是小肌肉动作，都发展得最为迅速，包括手和手指的动作控制能力，同时手眼协调能力也在这一阶段大幅度提升。因此，设计师在为 2 岁幼儿设计产品时，应以精细训练为主，强化他们的小肌肉活动能力。

由于儿童男女性别不同，生理和心理上存在明显差异。男孩活泼好动，偏爱汽车、飞机、手枪等，喜欢攻击性的角色或游戏，富有冒险意识；而女孩则相对乖巧，更喜欢过家家、做手工、画画等安静的活动。两者在行为特征上截然相反，这就要求设计者依据他们的不同行为方式，在功能、色彩等方面进行不同的设计，促进不同性别儿童的身心发展。

总而言之，对于儿童这一特殊社会群体的行为方式或特点，不能强行阻止或改变，更不能将成人的思维强加给儿童；对于他们某些因生长需要形成的特殊行为习惯、行为方式只能给予理解，从关怀的角度顺应，将他们的行为方式纳入设计规范中，进行善意的设计。

1.2.2 儿童产品设计显在性因素分析

儿童产品设计离不开对产品的功能、形态、色彩等因素的研究，它们作为构成产品载体形式的显在性因素向用户传达产品不同的内涵性信息，在产品设计中发挥重要作用。

1. 儿童产品功能分析

在儿童产品设计中，功能是儿童产品与儿童之间最基本的关系，产品的功能要满足儿童的各种需求，因此不同功能的开发与设计是设计者必须首先考虑的内容。儿童产品功能设计按功能的性质分，主要分为物质功能和精神功能。

（1）物质功能

物质功能，一般是指产品的使用功能。任何儿童产品都应该具备一定的功能，它是儿童产品具有实用价值的基础。在儿童产品设计中，设计者应将儿童的身体素质、学习能力、探索意识以及良好习惯的培养等因素作为产品物质功能主要考虑的内容，它们是构成优秀儿童产品设计的主要因素。

良好的儿童产品设计不仅能表现在产品形态上，更应该凸显在产品的功能方面，让儿童不只是停留在对产品简单、基础的使用上，而是能在使用的过程中感受到便捷与快乐。例如，儿童的饭勺设计。饭勺是低龄儿童吃饭时的必需品，任何一把饭勺都可以帮助儿童进食，发挥其基本功能，但是由于儿童精细动作发展得还不够完善，尤其是在学习独立进食的阶段，使用一般的饭勺并不能让他们方便地吃到食物，如图 1-8 所示的“弓形训练饭勺”是设计者依据孩子特殊的抓握方式，对一般性儿童饭勺进行了改进，弯曲肥大的手柄极大地方便了儿童的使用，有益于儿童独立进食习惯的养成。

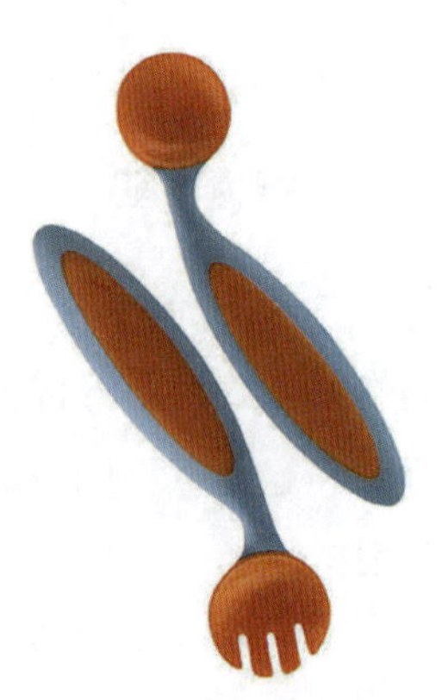
图 1-8 弓形训练饭勺

（2）精神功能

精神功能，是指由儿童产品的物质功能所表现出的审美、愉悦、教育等效果。精神功能是儿童在使用产品的过程中产生的一种心理体验，是儿童在使用产品后的一种收获和满足。精神功能是产品物质功能更高层次的体现。精神功能又可分为愉悦性功能和教育性功能。

① 愉悦性功能

愉悦性功能是儿童产品的一个特殊功能，也是许多儿童产品，尤其是玩具产品设计开发的目的之一。国外的研究表明，愉悦性产品可以刺激每个神经元多生长 25% 的突触，可以促进儿童大脑的发育，有助于儿童早期的智力开发。

美国著名的玩具品牌“费雪”（Fisher-Price）所属儿童研究中心的主席凯瑟琳·阿尔

法诺（Kathleen Alfano）博士认为："无论今天的玩具看起来与远古时代的玩具有多么的不同，儿童玩具存在的目的始终不变：给儿童带来欢声笑语以及为他们创造学习成长与发展的机会。"的确如此，儿童在童年阶段都难以长久地专注于一件事情（物），而想要让儿童对某一事物产生兴趣，首先需要具备足够吸引他们的愉悦性功能，这是多数儿童产品存在的必然条件，也是评判产品好坏的重要标准。在多数情况下，儿童在成长发育阶段不断从外界获得知识和本领，不是来源于老师、父母的言传身教，而是从愉悦产品或玩具体验中认识更多的事物，获得更多的操作经验，激发其潜能。

如图 1-9 所示是美国设计师 Jason Amendolara 设计的名为"food face"的餐盘，根据儿童吃饭时边吃边玩的行为特点，设计师干脆顺应这一特征进行设计，将儿童餐盘的底部设计成没有任何特征的光头形象，儿童可以根据自己的想象，将青豆、火腿、胡萝卜、鸡蛋、四季豆、果酱等食物当成道具，把光头装扮成不同的造型，如加头发、留胡须、戴帽子等，让儿童在游戏中快乐地进食。

图 1-9　"food face"餐盘

② 教育性功能

儿童产品的教育性功能是指在当今社会价值取向之下，能促进儿童健康发展，通过有效训练引导儿童获得最基本的生活经验与生存能力的产品功能。在目前的儿童产品中，具有教育性功能的产品大多为科普类、益智类、观察类、棋类等儿童玩具以及科普模型等，这些产品分别指向不同的教育性功能。借助于儿童产品的教育性功能，家长或教师可以培养儿童对自然、社会的认知能力，促进思维能力的发展以及良好性格与品质的养成。图 1-10 是一款既有趣味性又有科普性的壁挂式盆栽产品。浇花本来是一件很普通的事，但是设计者将水蒸气转化成雨水的科普性知识移植到浇花过程中，不仅满足了产品本来的功能，同时还具有一定的教育价值。

图 1-10　设计师 Jeong Seungbin 的"云朵花盆"

2. 儿童产品设计的形态研究

儿童产品形态是儿童产品设计的灵魂性因素，相对于一般产品，其意义更加重要。一般产品的形态作为产品功能的载体形式，建立用户与产品功能之间的关系。而儿童产品的使用对象儿童是以形象思维为主的人群，他们对形态的敏感度远远高于成人。儿童产品形态除基本载体性外，还需具备高度的产品识别性和认可度，产品形态会对儿童产生不同的吸引效果。特征鲜明、色彩艳丽的自然生物形态能给儿童带来丰富的感观体验，例如可爱的兔子、憨厚的大象、美丽的孔雀、高挑的长颈鹿，它们具有独特的形态、丰富的色彩，非常符合尚未完全走出视觉模糊阶段的儿童的知觉发展特征。

可见，儿童产品在形态设计中，需要传达两方面内容：一是，借助形态、结构等特征性元素表达产品的外延性信息，即不同的产品识别、功能、规格等，表达“产品是做什么的”、“怎样使用”、“性能如何”；二是，产品形态会产生情感、意象、体验等内涵性信息，设计师常常会运用艺术的修辞手法，从语意的角度准确传达内涵性信息，使之具有形象、易懂、易联想的识别特征，迎合儿童的审美和使用需求。

儿童产品造型中修辞手法及运用如下。

《艺术设计方法学》中对艺术修辞是这样定义的：“修辞是选择最恰当的符号形式来加强产品的表达效果。修辞不是关注事物‘表现什么’，而是关注事物‘如何表现’。修辞赋予设计者多样的途径来述说‘这一事物是（或者像）那样的’。因而使得作品符号产生丰富多样的内涵。”艺术设计中的修辞分为隐喻、换喻、提喻、夸张等，主要围绕特定的产品，依据人们过往的经验认识，建立与其他事（物）之间的联系，增加产品的趣味性表达，引起人们的情感共鸣，如图 1-11 所示。

图 1-11　产品设计中艺术修辞手法的应用

（1）隐喻

隐喻是艺术设计中运用最多的一种修辞手法，它是建立在两种形象类似性的基础上，由一种形象取代另一种形象，但本质并不发生改变的修辞方法。拉科夫认为：“隐喻的本质是根据另一种事物来理解和体验一种事物。”罗伯特·文丘里在 1966 年所著的《建筑的隐晦》中也推崇“使用功能的隐喻”取代“使用功能的直述”的观点。可见，隐喻追寻的是两种不同事物之间的关联，通过设计师的观察与思考，借助艺术化的处理方式，展现出“陌生而又熟悉”的视觉效果。往往再平常不过的产品形态或使用方式，一旦借此喻彼，与其他事物建立关联关系，也会有耳目一新的感觉，这就是隐喻的特别之处。

隐喻大致可以分为形式关联和意义关联。

在儿童产品设计中，形式关联层面的隐喻运用最多的是形态仿生。形态仿生设计是建立在对自然生物体，包括动物、植物和微生物等所具有的典型外部形态认识的基础上，抽取特征性元素，结合艺术处理运用于产品造型之中。

图 1-12 是一款典型的具象形态仿生设计。设计师以玉米为形态基础进行抱枕设计，它看上去就像一个放大的玉米，而玉米粒通过魔术粘贴在玉米棒上，并且可以一粒一粒拔下来。由于玉米粒体积很大，无须担心孩子将其吞咽下去。将玉米抱枕作为孩子的玩具是非常不错的。

图 1-12　玉米抱枕

形式关联所传达的内涵意义与产品的外延意义并无直接关联，就像图 1-12 中玉米和抱枕之间并没有明显关联，只是形式上的类似。但意义关联层面的隐喻修辞，则要求内涵意义与产品的外延意义有一定的关联性，意义关联的隐喻关系是人们通过对产品内涵意义的感受或体验，间接地接收到产品外延（功能）信息。

在儿童产品设计中，基于意义关联的隐喻手法，常常赋予儿童产品更深刻的内涵，这一类的作品在貌似简单的形态表达背后却蕴藏着设计者对儿童的某些具体能力或行为特征的关注。设计者通过一定的关联关系，细腻地将这些关注内容传达给消费者。

图 1-13 是一款多功能儿童产品，既可以收纳儿童玩具，又可以满足孩子驾骑的乐趣。形态上提取小狗的形体特征进行简化，用简洁的造型语言塑造憨态可掬的小狗，以赢得儿童对产品的关注。这里最值得注意的是小狗的嘴巴，上下两排牙齿构成了一副贪吃的模样，而小狗的“吃”正好与收纳箱的“收”对应，两者建立意义关联，巧妙地以小狗的形

象替代收纳箱，使儿童在喂“狗”的过程中自觉养成收纳的好习惯。

图 1-14 是一款套圈玩具，戴上象鼻子的小朋友被想象为一个“小象”，产品充分迎合了儿童爱好角色扮演的心理。同时，实际生活中大象用鼻子套圈的这一认知域在游戏中被喻指，“象鼻子”在套圈游戏中发挥实际功能，增添了产品的游戏性、趣味性。

图 1-13 “小狗”收纳箱

图 1-14 “象鼻子”套圈

（2）换喻

换喻，以一个具体的视觉形象传达另一个与现有主题相关但却未出现的事物或主题，使抽象的意义变得更加具体。换喻中的两个符号之间有一定的邻近性、符合性关联。

众所周知，猫喜欢晃动的物品，甚至是自己的尾巴。如图 1-15 所示的作品“猫尾鱼”将产品与使用者因素进行关联，以使用者或符合使用者特征的形象代替产品本身，使得产品意义表达更为清晰、准确。逗猫玩具分别与猫尾巴、鱼具有邻近性和符合性关系，因此，设计者选取猫尾巴这一典型特征强化产品的内涵。

图 1-15 “万宝杯”大赛银奖“猫尾鱼”（设计者：翟震、李涯）

（3）提喻

提喻是很含蓄的修辞手法，它对表达对象进行不完全的表述，通过人们对事物的认知，放大或缩小产品的某一部分，用相关的整体或局部喻指对象。这种修辞手法在儿童产品设计中有一定的应用。一般在做产品造型时常会用部分形态代替整体，这种以点代面的造型方法，既能有效传达产品的功能意义，也可以激发儿童无限的想象力。

3. 儿童产品色彩分析

在产品设计中，色彩与功能、形态是并存的三大要素。其中色彩居于举足轻重的地位，它能先声夺人地给人们留下深刻的印象。

（1）色彩设计的感知功能表达

根据颜色对人心理的影响，色彩可以分为冷色和暖色，暖色容易让人产生紧张、激动、兴奋等情绪，并具有积极、热情、活力、外向的特征；冷色具有寒冷、沉着、寂寞、理智、消极、冷静、清爽、内向的特点。色彩本身并没有冷暖的温度差别，是视觉感知引起了人们对冷暖感觉的心理变化。色彩通过视觉感知传递产品的属性，让人们对产品产生第一印象。

就儿童产品的色彩而言，很多人认为儿童的产品应该配用高纯度的红色、橙色、黄色等，认为纯度高的色彩更容易刺激他们的视觉感知。这样的观念虽然有一定道理，但有点以偏概全，儿童产品在不同的环境、不同的使用背景下，需要有色彩应用之分。对于婴儿的某些玩具或者早教产品，可以运用亮丽的色彩以刺激婴儿的神经元。但是如果儿童医院的医疗用品或者休息空间用大红色或橙色，显然不合适。因此，在进行儿童产品色彩设计时，应根据产品的功能、结构、环境及使用者的好恶等，恰当地运用色彩配色规律，确定产品的色调，准确表达色彩的感知功能。

（2）色彩设计的符号功能表达

色彩设计除了具有一定的感知功能表达作用外，还具备符号功能表达的作用。

在产品设计中，符号总是与产品的实用功能及操控方式密切相关。色彩作为符号表达功能的因素之一，可以明确表达产品部件、操作按键等功能性，在儿童产品设计中，用对比色区分操作按键的例子比比皆是。儿童对色彩的敏感度远高于文字或字符，特殊的色彩符号可便于儿童在不认识字符的情况下快速地操作解读。如图 1-16 所示，这是一款为 8～12 岁儿童设计的相机，该相机不像成人相机有详细的文字标注，只是用红、黄、蓝三色对不同的操作区域加以区分。红色的机身表示其相机结构；蓝色色块示意相机的手握位置；便于操作的黄色旋钮结构表示了相机的镜头部分。而且这部相机不分上下，即使换个方向也不会影响正常使用。

图 1-16　儿童相机

第2章

儿童产品设计创意思维与方法

做任何事情、任何研究，都需要掌握一定的方法，以指导具体的实践过程。法国哲学家笛卡儿曾指出：“方法的目的是使得将人类引导向真理的所有道路都非常畅通，以至于任何一个掌握这种方法的人，不论他的智力多么平常，也能发现他认识不了的东西并不比别人多。”笛卡儿的这段话指出了方法的重要性。方法的意义在于，它不但使人明白什么时候用和如何用剪刀或尺子，还指导人在面对新的难题时，如何创造新的工具。

产品设计相比于其他的艺术研究显得较为理性，它是有计划、有目的，受众多客观条件所制约的一项研究活动。产品设计研究的这一特殊性决定了它的设计结果不是一蹴而就的。它需要通过用户分析和市场调查等方式进行具体的设计研究，创造出既有实用价值，又有审美价值的产品。

儿童产品设计与一般产品设计同样是一个严谨的研究过程，但由于儿童是社会的弱势群体，该群体的年龄与成人有着较大的差距，在生活方式、理解方式上与成人存在明显差异，在具体的产品设计方法上，存在一定的特殊性。研究者可以根据儿童不同年龄阶段的生理、心理特点，针对性地分析他们的需求，并结合具体的设计项目要求优化完善其产品的外观、色彩、功能等因素，设计出与之相符合的具体产品，以取得最佳的设计效果。

同一类产品的功能会因使用群体的不同而在造型和色彩上产生不一样的视觉效果，也就是说，同样的内容可以有着不同的表述形式。儿童产品设计相对于其他产品设计，这种视觉表述差异尤为明显。图 2-1 是一款普通的成人行李箱；而图 2-2 则是英国 Trunki 公司出品的一款儿童行李箱。成人行李箱造型、色彩简洁大方，注重产品的实用功能；而 Trunki 儿童行李箱趣味性地模仿了小动物的造型，将骑乘玩具与行李箱进行叠加，小朋友看到会有骑上去的冲动。这样的行李箱设计不仅充分顺应了孩子爱玩、调皮的天性，人性化的设计也为家长减轻了外出游玩时的负担。

图 2-1　成人行李箱

图 2-2　Trunki 儿童行李箱

在 Trunki 的产品设计中，设计师不仅没有改变行李箱的包容空间，保留了产品的实用功能，同时还兼顾了儿童的审美情趣。

在这个产品案例中，设计者考虑的儿童产品趣味性功能和造型均是设计创意思维作用的结果。产品设计的创意思维是指围绕产品进行的思维活动，可以分为感性的形象思维和理性的抽象思维。抽象思维注重的是产品的功用性、可行性，例如，儿童产品的具体用途，以及如何制造，怎么降低成本等诸因素；而形象思维注重的是产品以什么样的外观、使用方式赢得消费者的喜爱。因此，产品设计中抽象思维是明确地运用判断、分析、推理的方式从事产品的发现、发明与改良，而形象思维就是运用模仿、想象、关联、组合等方式完成产品的形式，增加产品的视觉效果。这两种思维方式在创意活动中相互衔接、相互转化，缺一不可，如图 2-3 所示。产品设计中抽象思维与形象思维的一般区别见表 2-1。

图 2-3　产品设计过程中的思维分工

表2-1　产品设计中抽象思维与形象思维的一般区别

类　别	抽 象 思 维	形 象 思 维
思维形式	分析、比较、判断、推理	直观、联想、灵感
思维方法	比较和分类、分析和综合、推理	模仿、联想、移植、组合
思维方向	单向思维	多样性
思维结果	不一定具有创新性	创意新颖

2.1 形象思维

形象总是和感受、体验关联在一起，也就是哲学中所说的形象思维。

形象思维又称“直感思维”，主要是指人们在认识世界的过程中，对事物表象进行取舍时形成的，是只用直观形象的表象解决问题的思维方法。形象思维是建立在人们对映入眼帘的客观形象进行感受、存储的基础上，结合主观的认识和情感进行识别，并用一定的形式、手段和工具创造和描述形象（包括艺术形象和科学形象）的一种基本的思维形式。

形象思维的特点是具体形象性。按发展水平分为以下 3 种形态。

（1）学龄前儿童（3～6、7 岁）的思维，只反映同类事物中一般的特征，不是事物所有的本质特点。

（2）成人在接触大量事物的基础上，对表象进行加工的思维。

（3）艺术家和设计师的想象思维形态，也称“艺术思维”。作家、艺术家在创作过程中对大量表象进行高度的分析、综合、抽象、概括，形成典型性形象的过程。

从上述提及的形象思维的本质和特征看，儿童产品设计的设计思维中应包含两个重要的内容：一方面，所研究的儿童群体多以形象思维为主，他们会根据形象性特点对事物进行认知，这就要求设计师在进行儿童产品设计时，其产品的功能、造型、色彩应符合儿童的认知特点，过于理性、冷漠的产品会让儿童产生一定的距离感；另一方面，儿童从出生到学龄前，对外在世界都处在感性认知的阶段，这一阶段的儿童产品设计更适合参照他们所熟悉的事物，如以家畜、家禽、虫类等为原型进行形象创造，使产品在心理上与他们拉近距离。

但另一方面，设计师的形象创造不是对儿童所熟知的事物原型进行生硬的照抄照搬，那不能称之为形象思维，儿童产品设计中的形象思维是借助于形象反映生活，站在儿童的视野，运用儿童化的手法和想象，通过对生活原型的提炼抽取，塑造典型性的产品形象，表达设计者的思想感情。HABA 公司出品的儿童灯具系列，打破了灯具冰冷的外表，用柔软的布艺结合动物的卡通造型进行形象化处理，如图 2-4 所示。这是形象思维的第一和第三个层次的形象性表达。

图 2-4 HABA 公司出品的儿童灯具系列

形象思维的方法主要有模仿法、联想法、移植法以及组合法。

2.1.1　模仿法

模仿法是以某种原型为参照，在此基础之上加以变化产生新事物的方法。很多发明创造都建立在对前人或自然界的模仿的基础上，如模仿鸟发明了飞机，模仿鱼发明了潜水艇，模仿蝙蝠发明了雷达。

1. 对他人的模仿

模仿是一种本能的学习方法，人类在很小的时候就是从不断的模仿中学会很多本领，模仿大人说话、吃饭、走路、做家务等。通过模仿，逐渐掌握不同的技能，并形成自己做人行事的方式。这种本能的学习方式对于设计创作同样有效。

古人云：“他山之石，可以攻玉。”产品设计的学习中，模仿的过程必不可少。通过模仿可以学习他人优秀的设计风格、处理不同设计问题的方法，模仿是积累设计经验快速且有效的途径。

典型的例子有日本早期的设计模仿。在第二次世界大战结束之后，日本作为战败国，全国经济萧条，各产业都处于停顿状态。在这样的条件下，从头开始做有自己特色的设计是几乎不可能的，并且时间也不允许，因此他们开始向先进国家学习，走上了模仿之路。从日产的汽车，到索尼的收音机，日本在早期大量地模仿欧洲和美国的设计。

但需要强调的是，设计模仿不只是对他人成果进行复制和抄录，而是在前人经验基础上的再创造。日本设计虽然一开始就选择了模仿，但并不是漫无目的地抄袭，他们从欧美设计中吸取其精华的部分，不断地完善自己。发展至今，日本设计已经完全形成了自己的风格，在世界各地，随处可见日本的汽车、电器等产品。日本设计既拥有西方国家的现代设计感，同时也不失本民族的传统风格，如图 2-5 所示。

图 2-5　深泽直人作品

现在的中国设计基本沿袭了第二次世界大战后日本设计的做法，出现了大量“山寨”产品。“山寨”现象的出现是可以理解的，但是不能让这种现象一直延续下去。正确的态度应该是仔细体会他人优秀作品的精髓之处，分析其他产品对于形态、细节处理的方式，而不是每根线条、每个按键地抄袭，这一点国内的儿童品牌“木玩世家”算是比较成功的，从前几年的出口到现在主要做国内市场，“木玩世家”积累了丰富的经验，逐渐在国内同类儿童产品市场中取得领先地位。

2. 对自然的模仿

产品的设计模仿除上述的直接模仿外，亦可以向自然模仿。向自然的模仿，是指对自然物构成形式和功能的学步。赫拉克利特认为，“和谐”是自然物存在的特征，艺术活动是对自然物构造方式的模仿，德谟克里特视模仿为人在艺术活动中对事物自然功能的学步，“在许多重要的事情上，我们是模仿动物……从天鹅和黄莺等歌唱的鸟学会了唱歌”。这种模仿说，后来在产品设计中又被称为“仿生设计”。仿生设计分为功能仿生、形态仿生和结构仿生。

功能仿生主要研究自然生物的客观功能原理与特征，从中得到启示以促进产品功能改进或新产品功能的展开。大自然很多动植物都具备某种很发达的感觉器官或感知能力，这是由大自然长期优胜劣汰的生态选择形成的。例如，金雕的眼睛能在 3000 米高空发现一只岩鼠，犬的鼻子能分辨出 15 万种不同的气味，大象的足垫能感知 15 公里之外的超低频震动，蛇的舌头能分辨动物的方位、远近和种类，啄木鸟的耳朵能通过喙敲击树木的声音判断树木里是否藏着的虫子。动物的这些特殊功能为产品设计的研究提供了很好的研究参照。尽管功能仿生最初一般是不会直接被用到儿童产品上，但随着很多技术的普及，设计师在进行儿童产品开发时，也会将一些先进的技术应用于新产品的开发。如儿童直升机玩具的使用原理就是来源于蜜蜂飞行时像螺旋桨一样回旋的翅膀翼片。

形态仿生在产品设计中的运用主要是通过对生物的整体形态或某一部分特征进行模仿、变形、抽象等，借以传达象征性的产品语意。形态仿生在儿童产品设计中也是运用最多的设计手法。大自然中的生物，尤其是动物的形态，以其特有的亲和力、生命力吸引孩子们的目光，孩子们在与小动物的接触过程中获得无穷的乐趣和满足。因此，设计师们投其所好地将这些可爱的动物形态作为儿童产品的设计题材，通过小动物们形态特点的提取，运用形态仿生的方法满足儿童的情感需求。

图 2-6 是一款典型的具象形态的仿生设计产品。具象形态的仿生设计能够逼真地还原生物原有特点，由于其具有很好的亲和性和自然性，常常用于儿童产品的形态设计中。

鹈鹕是一种水禽类动物，它最大的特点是嘴巴下面有个大皮囊，可以一次装下很多食物。产品设计师正是抓住了鹈鹕这一特点，与儿童的洗澡玩具建立内在关联，通过对鹈鹕形象的简化，传达产品象征性的语意。

图 2-6 Sassy 出品的儿童洗澡玩具

形态仿生中除了具象形态的仿生外，还有抽象形态的仿生，它是用简单和概括的语言反映事物独特的本质特征，由于其形态的简洁性和特征的概括性吻合工业化产品的要求，逐渐成为儿童产品仿生形态的趋势。如图 2-7 所示，产品形态中只抽取了动物的个别特征，被模仿的生物原型明显淡化。图 2-8 中，IKEA（宜家）的克罗基置物盒，是以青蛙为原型进行抽象处理，提取了青蛙的大嘴巴作为功能主区，产品语意非常清晰；产品集挂钩、储物和隔板 3 种功能于一身，可用于存放帽子、手套和书包等较小物品，简洁实用。

图 2-7 简约型儿童产品

图 2-8 IKEA 克罗基儿童置物盒

设计模仿并不止于本专业的模仿以及向自然的模仿，跨领域的知识也是儿童产品设计的从业者需要学习的内容，掌握多方面的知识才能有效扩充知识面，设计出内容丰富的产品。

2.1.2 联想法

联想法是指利用联想思维进行创造的方法。

形象思维的创造活动是离不开联想和想象的。联想是人们通过一件事情的触发而扩散到其他一些事情上的思维活动。在上述章节曾提到，人的大脑会对事物进行感知与存储，大脑中存储了很多的信息，在联想的思维活动中就会产生一定的反应。这些反应有相似的也有相对的，相似的反应是指大脑受到刺激后会自然地想起与这一刺激相类似的动作、经验或事物；相对的反应是指大脑想起与外来刺激完全相反的经验、动作或事物，亦可说是逆反法则在联想中的作用。这些反应可以帮助人们建立起事物间的关系，进行创造性的活动。

在联想思维的方法中最有影响力的是头脑风暴法，它是由美国创造学家 A.F. 奥斯本于 1939 年首次提出、1953 年正式发表的一种激发思维的方法。它的目的是通过集体讨论的方式产生新观念或激发新设想。在讨论的过程中，每提出一个新的观念，都能激发其他讨论者的联想，从中产生一连串的新观念，产生连锁反应，形成新观念堆，为创造性地解决问题提供了更多的可能性。

头脑风暴法在儿童产品设计中同样适用。例如，要进行“儿童自行车”的创新设计，在讨论之前会提出这样的问题：“你认为什么样的儿童玩具车最适合孩子？”得出的想法：卡通主题的、三轮的、木制的、能折叠的。设计的产品如图 2-9 所示。

图 2-9　儿童自行车设计

根据这些结论都能设计出很好的作品，但是这些都是基于原有形态的方案发展，如果问题换成“何种方式的骑行产品最受孩子欢迎”或“最好玩的儿童骑行产品”，结论就可能发生了变化：又能骑又能摇的玩具车、又能滑又能推的车……设计的产品如图 2-10 所示。

图 2-10　儿童骑行产品设计

2.1.3　移植法

移植法是一种很有意思的思维方法，经过设计师的“移花接木”，新产品经常给人一种熟悉又陌生的感觉。事实上，移植法是将生活中各种理论和技术互相转移运用于产品上的方法。充分利用已成熟的成果，将其转移、应用到新的领域，用来解决新的问题，因此，它是现有成果借助产品这一载体的延伸和拓展。这种方法可以突破原有的设计局限，满足人们新的需求，使产品获得不一样的视觉效果。常见的移植方法有：原理移植、方法移植、功能移植、材料移植和结构移植等。

（1）原理移植，即把某一学科中的科学原理应用于解决其他学科中的问题。随着科学技术的发展，原理移植越来越多地被应用到儿童玩具中，并且发生了质的变化，如从20世纪80年代至90年代儿童玩具从机械型跨入电子类；21世纪，随着APP技术的应用，儿童产品已从之前的实物形式逐渐跃升为虚拟形式。这些都是科学技术和原理移植带来的新兴产品类型。

原理移植中最典型的是发声玩偶的出现，20世纪90年代初期出现了会放音乐的电子贺卡，它是电子语音合成技术生活化的运用。随着技术的完善和普及，人们逐渐将这种技术移植到更多的领域中，如20世纪90年代末出现的会哭、会笑、会说话、会唱歌、会奏乐的玩偶（图2-11）。在本书的“便利”案例中，就是运用了原理移植方法，将红外线技术移植到儿童身高的测量仪器中。

（2）方式移植，即把某一领域或产品中的方式、方法应用于解决其他领域中的问题。

乐高（LOGO）是一款经典的积木玩具，自1932年产生以来，它伴随无数孩子成长。在孩子和家长的心目中，乐高代表的是快乐，是无限的想象，是创意的未来。乐高玩具最经典的是被无数设计者青睐的拼插方式。在许多产品设计中，这种拼插方式一直是设计师们乐于移植的对象。如图2-12所示的树形衣架是一款以拼插的方式为主的儿童产品，产品通过不同组件的叠加来适用于不同身高的孩子们。设计师灵活运用了乐高的拼插方式，用趣味化的手法展现了一款不一样的儿童衣架。

图 2-11　会发声的毛绒玩具

图 2-12　儿童拼插衣架

（3）功能移植，即通过设法使某一事物的某种功能也为另一事物所具有，进而解决某个问题。功能移植可以赋予产品新的功能。图2-13是根据儿童喜爱涂鸦的特点进行的产品移植设计，设计师将画画用的卷筒纸移植到儿童椅中，设计出的新产品不仅保留儿童椅坐的功能，还能非常便捷地为孩子们提供绘画纸张。

图 2-13 可画画的儿童椅

（4）材料移植，是将材料转用到新的载体上，以产生新的成果。在儿童产品设计中最重要的一个原则就是安全性，人们通过不断的尝试，寻找真正适合儿童且安全环保的材料。纸材因无毒、无添加等特点，越来越多地被用于儿童产品中，如图 2-14 所示的一组折叠纸板组成的儿童家具，就是一款典型的运用材料移植法生成的新产品。一方面，家具材料采用了轻巧的纸材，利用拼插结构确保了产品的承重，对家具的使用者而言既环保又安全；另一方面，包装盒内置了若干不同大小、不同颜色的纸板，并预留了插口，通过合理的搭配，孩子们可以拼装属于自己的小桌子、小凳子，很好地培养了孩子们的动手能力。该作品最大的设计亮点是采用了易回收降解的单一材料。单一材料的使用有利于产品寿命结束时的回收，并鼓励闭环循环，制造商可以用他们自己的再生材料生产新的产品。同时易拆装、便携的结构也降低了运输成本。

图 2-14 Foldschoo 儿童纸制家具

图 2-15 是美国 Douglashomer 公司设计的一款椅子，设计者将常见的地毯材料移植到儿童坐椅中，柔软的布绒材质从视觉和触觉上改变了一般坐椅给人的生硬印象，给予使用者不同的心理感受。

（5）结构移植，即将某种事物的结构形式或结构特征，部分地或整体地运用于另外的某种产品的设计与制造。结构移植在生活中运用也很广泛，如将缝衣服的线移植到手术中，出现了专用的手术线；将用在衣服鞋帽上的拉链移植到手术中，完全取代用线缝合的传统技术，“手术拉链”比针线缝合快 10 倍，且不需要拆线，大大减轻了病人的痛苦。在儿童产品设计中，结构移植也是非常常见的，图 2-16 的儿童冰激凌彩泥模具就是移植了冰激凌机的结构，让儿童在彩泥游戏中体验制作的快乐。类似的结构移植产品还有儿童压花机、波浪剪刀等。

图 2-15　Douglashomer 公司设计的儿童椅

图 2-16　儿童冰激凌彩泥模具

上述移植方法有各自的特点，移植虽然很有意思，但是移植错了也会出现相反的效果，因此，设计者应根据实际情况进行思维的扩展。移植法并不是只能单一地运用于某个项目，在某些情况下，可以交错用于同一研究或同一设计对象中，应依具体情况而定。

图 2-17 是一个综合的设计案例，设计师运用材质移植、方式移植等手法，利用生态设计理念，从环境问题入手，把废弃的塑料瓶再次利用，成为新产品的组成部分。塑料瓶这个最常见的废弃物通过特定的设计手法被赋予创新性的功能，构成了新产品创新的核心，其价值得以重新体现。

这个设计乍看起来似乎没有什么实际用途，就是一只没有脚的章鱼，把空瓶子放在插接口上，帮它组成完整的身躯，这样它就可以漂浮在水面上。但如果把这个儿童玩具放在海滩或临水游乐设施的环境中，其意义就发生了变化，或许小朋友们会主动帮忙清理海滩上的废弃塑料瓶。这种寓教于乐的教育方式不但可以培养孩子们的环保意识，还可将漂浮在水面上的垃圾塑料瓶搜集起来，减少海滩的污染。

图 2-17　寻找章鱼的脚

2.1.4　组合法

组合法是从两种或两种以上事物中，抽取相关要素进行重新组合，构成新的事物的方法。组合法的运用在产品设计中并不少见。设计师从产品的成本、产品使用的便捷性、实用性等因素考虑，将人们不同的生活需求进行重组，赋予产品一物多用的组合性功能。用组合法设计出来的产品具备高性价比的特点，被消费者所喜爱。

如图 2-18 所示，设计师将人们处理生活垃圾的行为与野猫找食物进行了有效重组，对垃圾桶进行了分层设计，在垃圾桶的底层设置了放置猫食的专属底盘，为猫提供了食物的同时也避免了它们乱翻垃圾桶导致的环境污染。

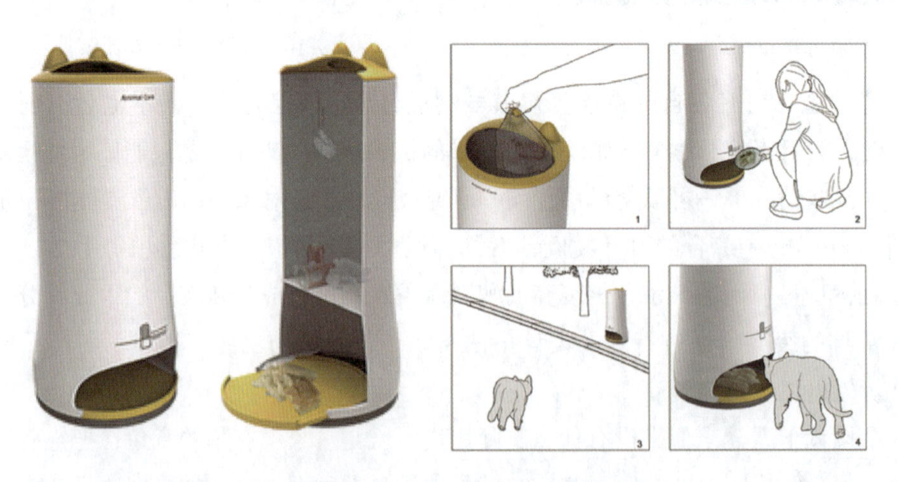

图 2-18　垃圾筒（2013 红点奖入围作品）

儿童是一个处于生长发育阶段的特殊群体，由于生理和心理的需求一直在变化，儿童产品的更替性相对明显，因此，儿童组合性产品变得更加有意义。这里根据儿童这一特殊性将产品的组合方法分为同一年龄段产品的横向组合和不同年龄段产品的纵向组合。

1. 同一年龄段产品的横向组合

同一年龄段产品的横向组合是依据儿童某一年龄段的不同需求，进行产品组合型开发的方法。儿童在生长发育的每一个阶段，都会有不同的兴趣爱好，抑或是家长会对孩子不同的能力进行培养。在这样的需求特点下，单一的儿童产品已不能满足家长和孩子们，组合型儿童产品能为孩子们提供更丰富的使用功能，逐渐成为设计的主流趋势。如图 2-19 所示，这款产品就是将儿童饮料瓶与塑料拼插积木进行组合，改变原有产品单一性的同时也满足了孩子搭建积木的乐趣。

图 2-19　儿童饮料瓶设计

2. 不同年龄段产品的纵向组合

不同年龄段产品的纵向组合在儿童产品设计中有着特殊的意义。在以往的家庭中，由于儿童产品多为单一功能，无论是儿童的生活用品还是玩具，只要儿童长大了，产品就失去它的实际意义，一定程度上造成了资源的浪费。因此，设计师们就此现象开发设计了可适用不同年龄段的功能组合型儿童产品。这类产品在使用过程中通过结构性的调整，可进行不同功能的转换，有效运用于儿童生长的不同阶段，延长了产品的寿命，以其高性价比在市场上备受消费者喜爱。图 2-20 是一款跨年龄段的产品，既适用于婴儿期，又可以用于学龄前，家长可以轻松地通过拆卸婴儿背带和调节相关配件，使一辆婴儿车顺利转化为儿童三轮车，适应孩子从婴儿期到幼儿期的变化。

图 2-20　多功能婴儿车（2013 红点奖入围作品）

图 2-21 所示的“儿童组合餐椅”为 2012 德国红点大赛作品。它是一款汇集 4 种功能

的儿童组合家具，主要解决因儿童身高变化带来的产品使用问题——随着年龄的增长，儿童对餐椅的高度要求也将发生变化。这个设计可以随时应对使用者不同年龄段的高度问题，为他们使用餐椅提供 4 种不同的功能：①作为一个高脚餐椅，适用于 1～4 岁儿童；②作为一张儿童坐椅，适用于 3～6 岁儿童；③可用于 3～6 岁儿童的自行车座位配置；④作为一张酒吧椅，可适用于 12 岁以上儿童及成年人。

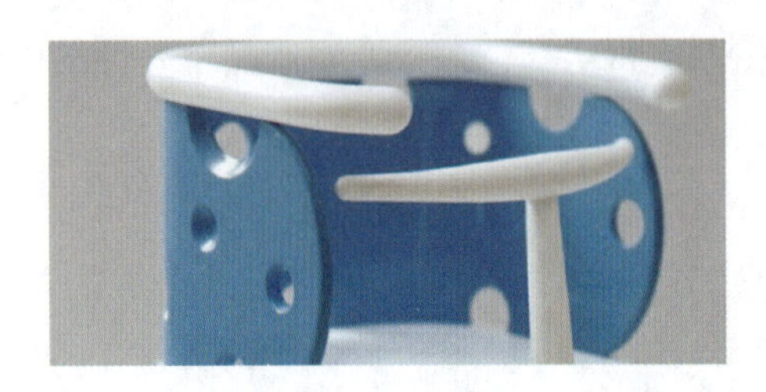

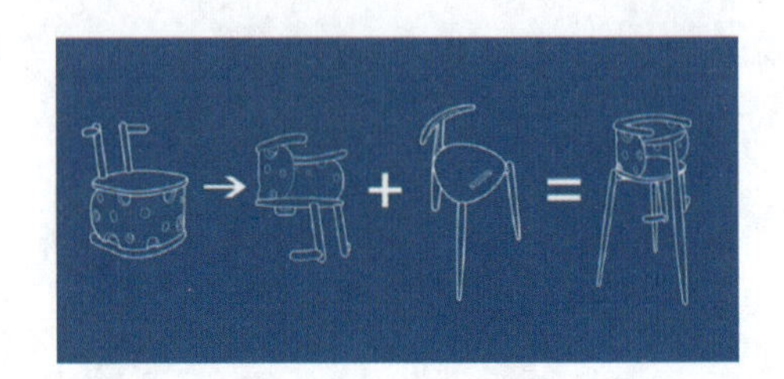

图 2-21　儿童组合餐椅（2012 红点奖入围作品）

该设计的创新点就是为满足消费者的特殊需求，在功能上使用了组合法，最大限度地规避了重复设计、重复制造的过程，减少了不必要的资源浪费。这种方法如今在儿童家具设计上被广泛采用，备受人们喜爱。

小结：形象思维中各案例的设计创意并不那么高深，每一个案例都曾在我们的生活中存在过，应该说每个人的记忆中对这些内容都有储存，但真正在设计的时候，我们并不能马上产生联想，一方面是因为对生活观察得不够仔细，经常对身边的事物熟视无睹；另一方面，大脑中的信息和材料一般都是零散的，需要通过有序的设计思考，运用正确的思维方法，将这些信息进行重组、整合，建立不同事物间的联系，从而形成良好的设计创意。

2.2 抽象思维

抽象思维，是思维的一种高级形式。其特点是以抽象的概念、判断和推理作为思维的基本形式，以分析、综合、比较、抽象、概括和具体化作为思维的基本过程，从而揭露事物的本质特征和规律性联系。

设计创作是以形象思维为主的，但是理性的抽象思维也必不可少。抽象思维的过程形式与创新、创造过程密切相关，一切创造活动都是以逻辑思维为基础的，抽象思维能够帮助设计者理清设计前因后果的关系；能够帮助设计者分析现象，并有效地发现现象背后的本质与特征；运用逻辑思维对创造成果条理化、系统化、理论化。

产品设计是一个发现问题、分析问题到最终解决问题的过程，在这个过程中，仅依靠形象思维不能很好地解决实际问题。抽象思维在这个过程中起了非常重要的导向性作用，它能够帮助设计者明确设计目标，结合各种现实条件和客观因素，制订一系列可行解决方案。

2.2.1　概念抽象法

概念抽象法是指一种在理性思维中通过多种逻辑途径和各种创造性综合活动，使反复出现的关于研究对象的知觉形象和观念抽象成概念的方法。

在认识论问题上，从直观的表象、模糊的观念到明确的概念是一个质的飞跃。要实现这个飞跃，人们就必须抛开事物的表象，舍去其中偶然的、非本质的属性，再通过思维的抽象活动，提取和概括出其中稳定的、普遍的、本质的属性。

任何产品设计项目的前期都是一个感性认识的阶段，是设计师通过观察，对生活信息、生活片段、客观事件进行感受与体验，在这之后，思维主体则需要把这些客观感知的信息和材料抽象成有一定针对性、代表性的设计概念，这是产品设计中最基础的设计概念的形成过程。

以下列出几个设计概念的例子。

（1）“开口说话”的小动物；

（2）防走失的 GPS 鞋；

（3）“找朋友”；

（4）可涂抹的儿童鞋；

（5）可攀岩的儿童墙。

图 2-22 所示的亲子玩具通过语音动物增强家长和孩子间的互动。不论在什么地方，只需通过手机应用发送语音留言，憨厚可爱的小动物就会“开口说话”；小朋友听到留言后可以即时语音回复，既有亲和力又能拉近与孩子间的距离。

图 2-22　“开口说话”的小动物

图 2-23 所示的特制的鞋子带有全球定位传感器，可以通过智能手机轻松定位。传感器被安装在隐蔽的鞋垫中，既不容易损坏也不容易丢失。这款鞋子旨在帮助容易走失的老

年痴呆症患者或是儿童，让家属能够随时了解他们的位置，避免发生意外。

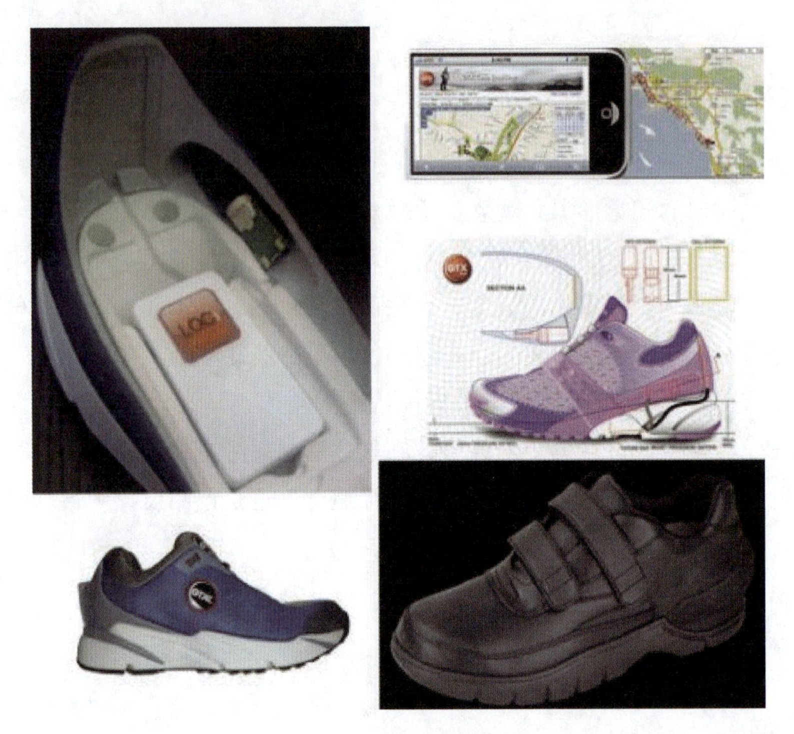

图 2-23　防走失的 GPS 鞋

2.2.2　分析与综合

分析，是在思维中将与设计对象相关的因素罗列出来，分别加以考察的逻辑方法。如图 2-24 所示，将设计对象——充电电池从能量获取到电池的使用进行了具体的分解分析，蓄电池通过跳绳过程中的能量转换获得电量，再继续适用于各种电子产品，形成一个完整的产品设计过程。

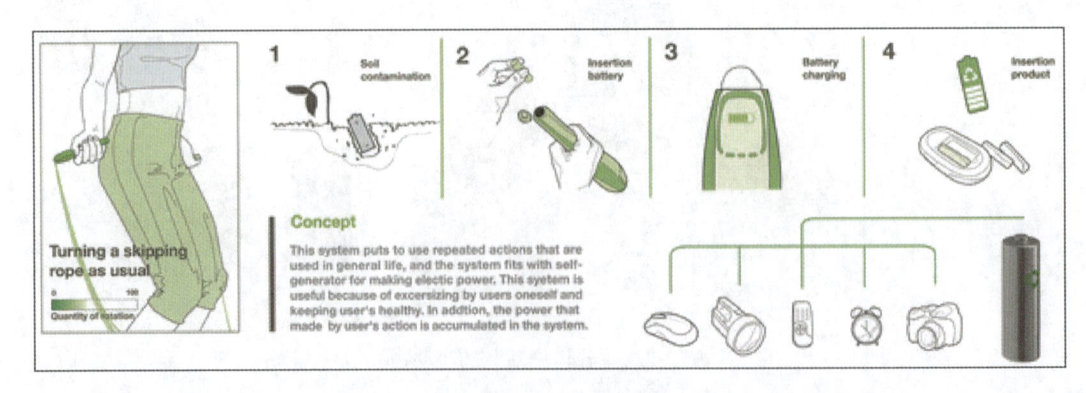

图 2-24　蓄电跳绳设计

综合，是在思维中把对象的各个部分或因素结合成为一个统一体加以考察的逻辑方法。

2.2.3　分类与比较

根据事物的共同性与差异性对事物进行分类，将相同属性的事物归入一类，不同属性的事物归入不同的类。比较就是比较两个或两类事物，通过比较能够更好地认识事物的本质。

分类是比较的后继过程，重要的是分类标准的选择，选择得好还可发现重要规律。这种思维方式多用于产品设计的研究分析阶段，通过这种方法可以对不同事物进行客观比较。图 2-20 是典型的分类、比较的思维过程，儿童手推车和儿童自行车之间存在明显的差异性，但它们有共同的属性，即都是儿童产品，设计师通过对两者共同性和差异性的分析比较，最终提炼出两者之间的设计关联，运用巧妙的产品结构将两者合为一体。

2.2.4　演绎推理法

演绎推理，是从一般性的前提出发，通过推导，即演绎，得出具体陈述或个别结论的过程。在演绎论证中，普遍性结论是依据，而个别性结论是论点。演绎推理与归纳推理相反，它反映了论据与论点之间由一般到个别的逻辑关系。

演绎推理这种方法在产品设计中运用较多，因为产品设计面向的是大众消费者，需要解决的问题应具备一定的代表性、普遍性。如图 2-23 所示的案例，儿童走失是一个普遍的现象，设计师依据走失的“一般”性现象，演绎推理出 GPS 定位鞋的“个别”结论性方案。

2.2.5　归纳法

归纳法是一种由个别到一般的论证方法。它从许多个别的事例或分论点归纳共有的特性，从而得出一个一般性的结论。这个方法可以帮助研究者看清事物的本质。比如要设计一款儿童洗澡玩具，可以通过对市场同类竞争产品的分析，归纳一般洗澡玩具的特征，如这类产品造型上与戏水动物密切关联，功能上以收纳与游戏为主。归纳分析能帮助研究者对设计进行准确定位。

附录：创意思维课堂训练

要求：依据生活中发现的问题，提出可行性的实施方案，并用情境故事的形式表现出来。

1. 跳房子游戏

设计者：潘柳絮。

设计创意：主要是将传统跳房子的游戏物化，做成可折叠携带的“包”或“魔力球”；在不丑化地面的情况下，小朋友们可以随时随地地玩，如图 2-25 和图 2-26 所示。

"跳房子游戏"

童年游戏"跳房子"大家还记得吗？虽然游戏特别有意思，但是每次玩起来都特别费劲，又是要找砖头，又是要找空地画框，那时候总在想，如果能不这么费劲地画框玩游戏多好啊，那有什么方法能让跳房子游戏更加轻松呢？

对于提出的问题，我有了一定的想法，用绳子围好？绳子揉在一起会打结，那怎么办，用橡皮绳吧，看起来不错，用布呢，可以折叠方便携带，似乎看起来也不错。

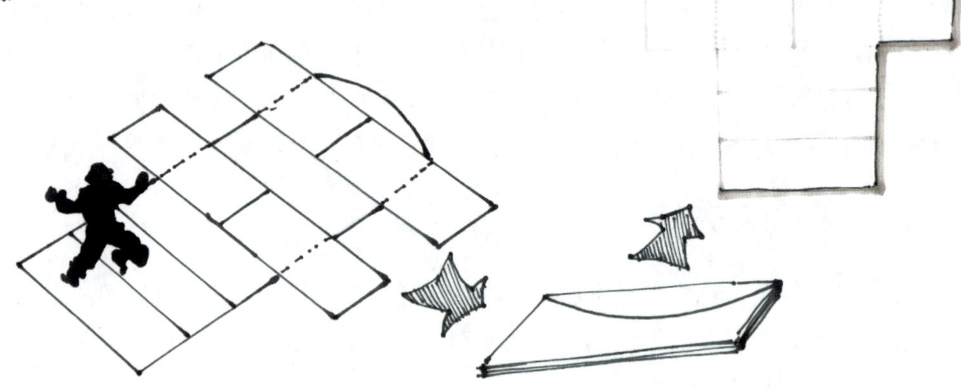

图 2-25 "跳房子游戏"设计一

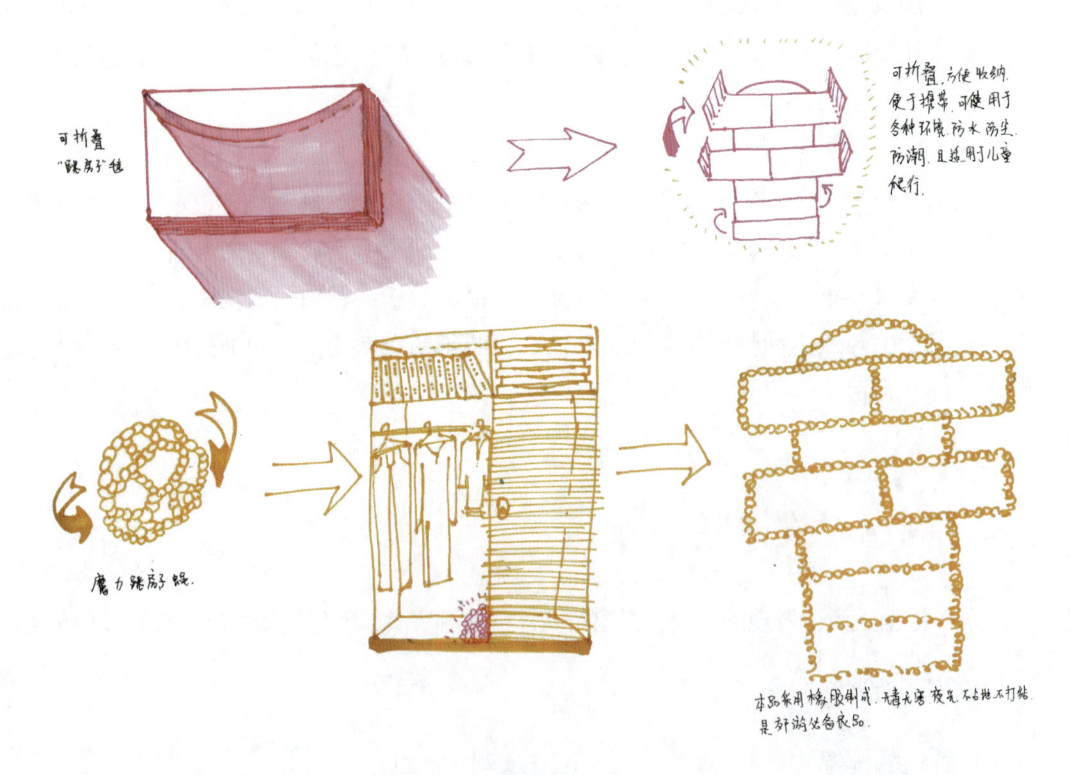

图 2-26 "跳房子游戏"设计二

2.“不会倒”的跳棋

设计者：潘柳絮。

设计创意：嵌入式的跳棋棋子可以有效保存棋局，即使下棋者中途离开，棋局也不会混乱，如图 2-27～图 2-29 所示。

图 2-27 “‘不会倒’的跳棋”设计一

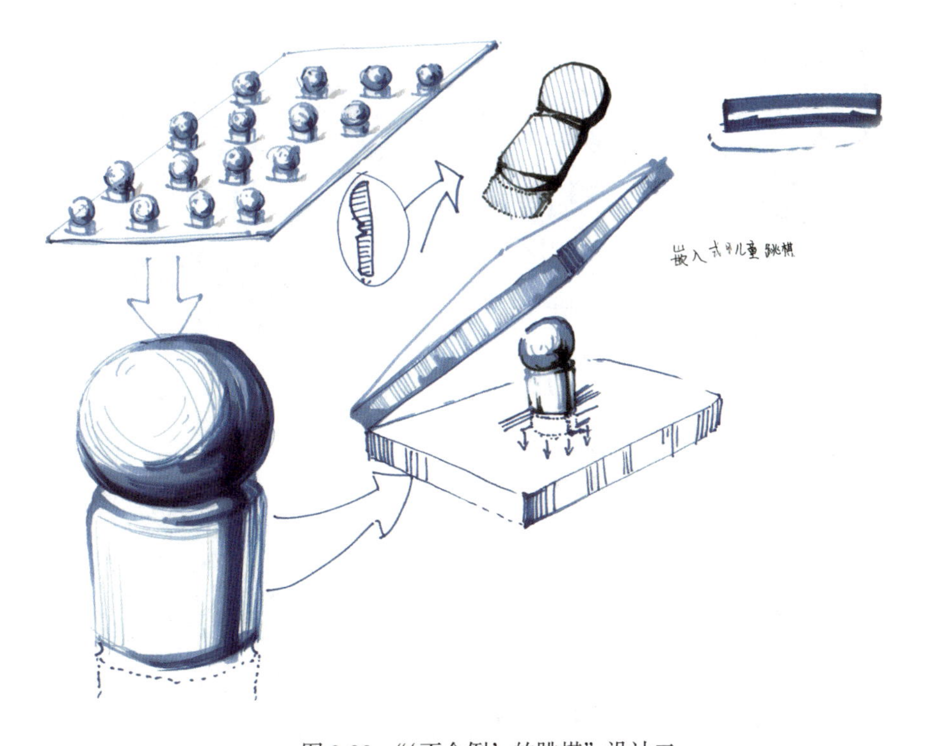

图 2-28 “‘不会倒’的跳棋”设计二

图 2-29 “‘不会倒’的跳棋”设计三

3. 儿童版“抢车位”

设计者：欧兆韵。

设计创意：游戏在儿童成长过程中必不可少，但沉迷电脑游戏对儿童有害而无益，针对男孩子爱玩车的特点，将抢车位游戏转化成儿童赛车玩具，见图 2-30 和图 2-31。

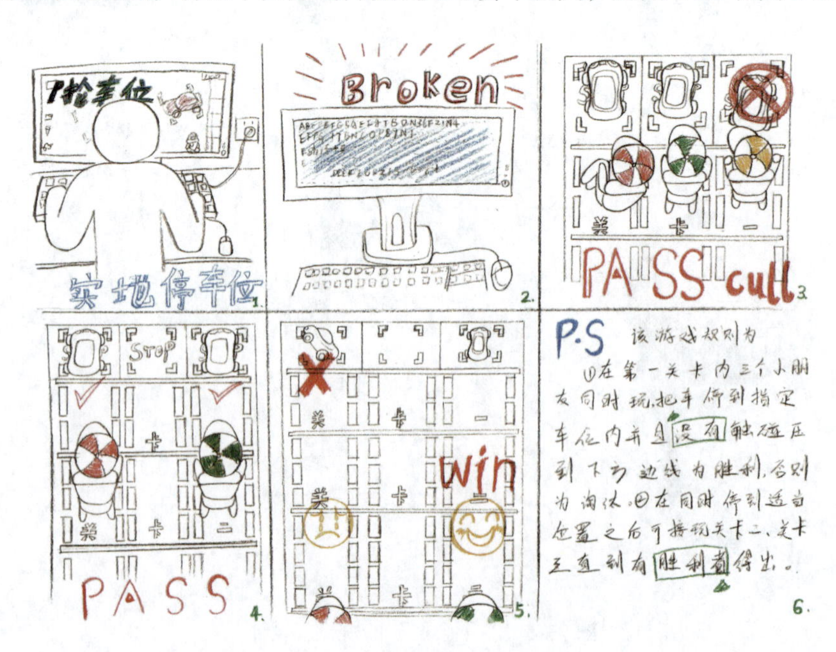

图 2-30 “儿童版‘抢车位’”设计一

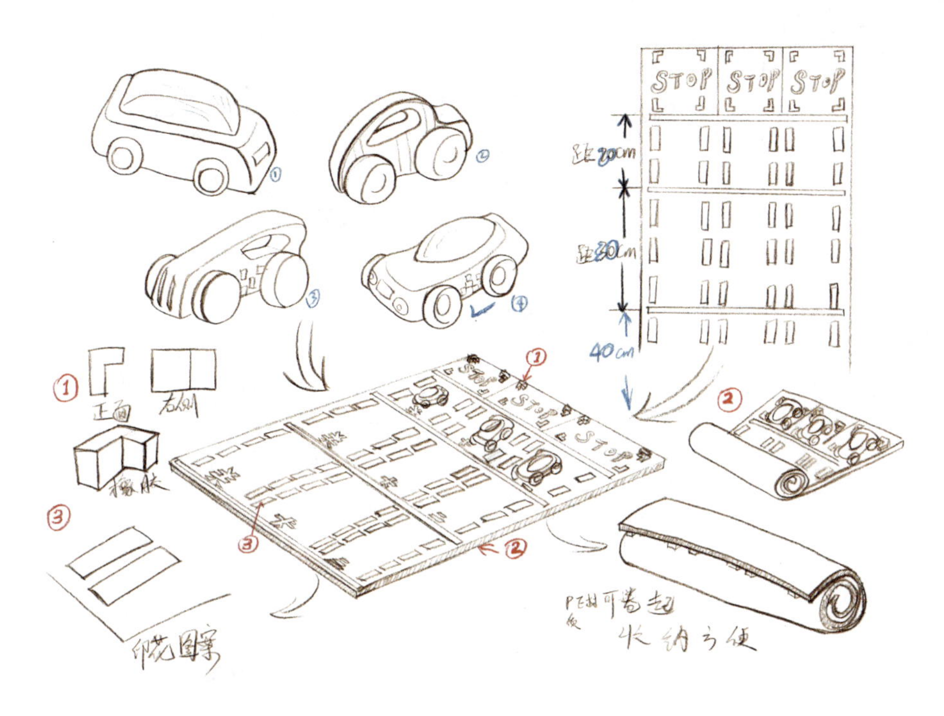

图 2-31　“儿童版‘抢车位’”设计二

小结：创意思维是一种重要的思维方式，将这种思维运用于儿童产品设计，有助于创造出符合儿童特点与审美需求的产品，能使产品更有针对性。创意思维的能力不是与生俱来的，它可以通过后天的培养逐渐加强和提高。设计者需要注意观察，多积累、多思考，根据实际情况，灵活运用这些方式，将创意思维用于指导具体的产品设计，通过不断的实践设计出更好的作品。

第 3 章

儿童产品设计流程

任何一项研究工作都不是凭空臆造出来的，面对纷繁复杂的客观因素，必须遵循于一定的发展规律，保证工作内容层层递进，顺利完成。

儿童产品设计研究也是如此，它会牵涉经济、技术、材料、审美、教育、心理等诸多因素，而不是单纯解决技术或者外观的问题，其设计过程往往伴随与产品相关的各式各样的问题。如果没有一个规律性的程序引导，会使设计研究工作流于形式。因此，儿童产品设计流程是儿童产品设计工作的保障。有一个规范的流程，才能有计划、有步骤、有针对性地解决各类问题，最终得到满意的设计结果。儿童产品设计流程如图 3-1 所示。

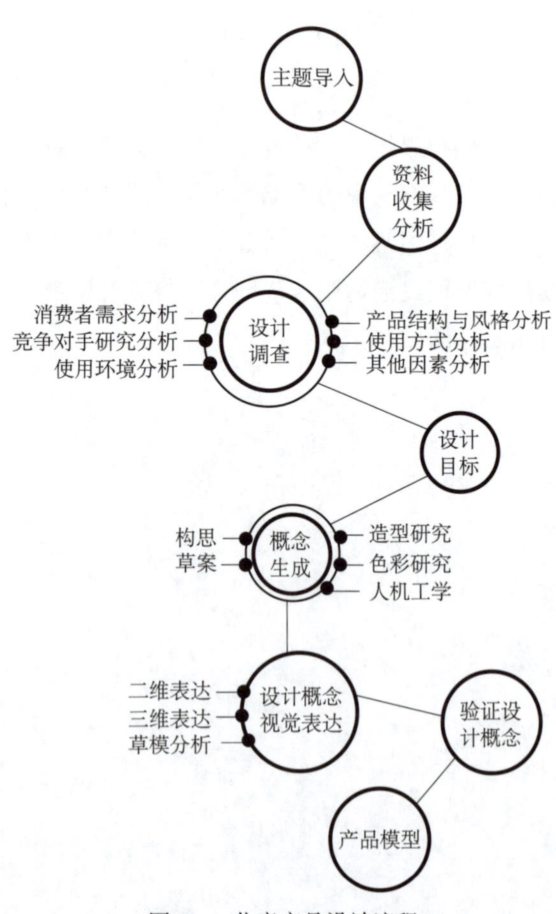

图 3-1　儿童产品设计流程

3.1 背景资料搜集

儿童产品设计研究针对的是 1～18 岁的儿童，但儿童产品设计的研究者多为成人，很显然，用户对象与研究者不属于同一群体，他们在生活习惯、行为方式、心理需求等方面都存在明显的差异。图 3-2 的研究资料显示，研究者用同样的物件对成人与儿童进行心理对比分析，结果显示儿童对某些事物的认识与成人相差甚远。如儿童认为，自行车是可以当汽车开的，床是用来蹦的，纸筒是拿来当武器的。可见，设计者要想为与自身有明显不同的人群设计产品，首先需要借助研究资料对儿童这一群体重新认识和了解。

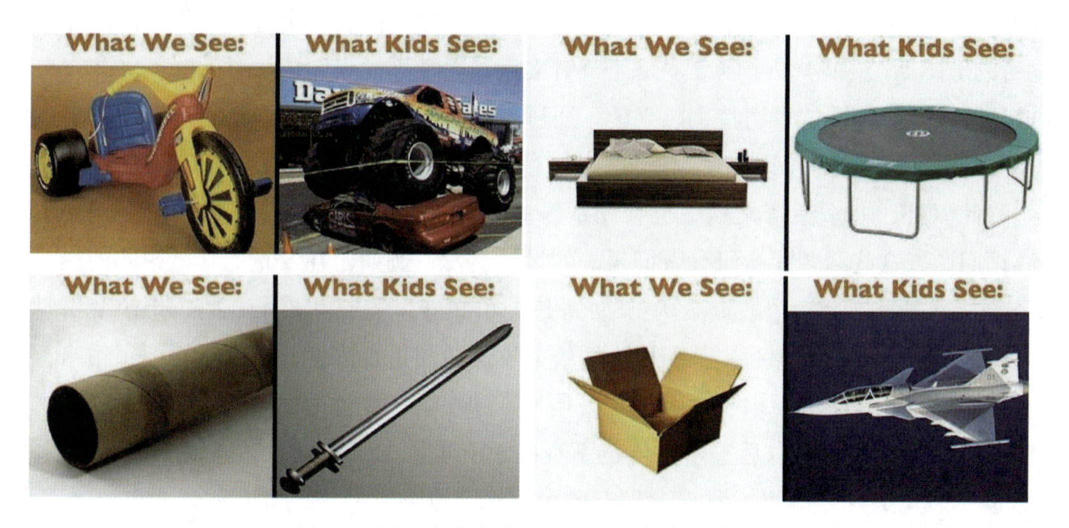

图 3-2 同一事物在儿童和成人眼中的不同认识

背景资料的搜集可以为设计研究提供丰富的信息，帮助设计者详细地掌握与设计主题相关的内容；可以使设计者知道儿童的兴趣爱好，对他们的世界观有初步的了解；可以提炼出关键性信息，挖掘出后续研究的切入点，为后期研究成果提供理论支持，同时也可以弥补调查研究中可能出现的欠缺或不足。

在儿童产品设计中，设计者一般可以通过以下几个方面对背景资料进行搜集分析。

1. 儿童影片

儿童影片可以说是孩子们的最爱，动态的画面、夸张的表情、可爱的形象都对孩子有强大的吸引力。经典影片《蓝精灵》、《玩具总动员》、《汽车总动员》都是孩子们挂在嘴边讨论的话题。他们会观察和模仿影片中喜爱的、熟悉的卡通形象，并且乐此不疲。设计者可以观察了解孩子们喜欢哪些电影、哪些电影形象、为什么喜欢，通过搜集分析相关的信息，进行深入的研究，以便为不同的设计项目做信息参考。

2. 儿童书籍

儿童书籍主要是指可供儿童阅读，具有一定教育意义的图书、绘本等。儿童书籍里经常会出现不同的儿童形象，这些书籍里的人物形象往往归纳了诸多儿童性格特征，设计者可以通过对这些故事的阅读，提取儿童的某些特征作为设计研究的参考。如本书“最爱”章节里的儿童的某些行为特征就是从郑春华的绘本《米球球的大本营》中挖掘出来的。因后文会具体介绍，这里就不展开叙述。

3. 儿童教育文献

儿童的教育文献往往包含对儿童的行为特征、心理特征的研究，这些文献为儿童产品设计研究提供了很好的理论支持，著名的教育学家蒙台梭利提出过一个重要的观点——“儿童的敏感期”，如 4 岁半到 5 岁是儿童对文字和数学等抽象知识敏感的时期。儿童在不同成长阶段会对不同的事物特别感兴趣。通过对类似信息的了解，设计者可以更好地了解儿童的阶段特征和心理需求。

除此以外，儿童教育文献中也会列举一些代表性的儿童事例，揭示儿童不同成长期的心理问题，这些问题能给研究者们很好的设计启发，例如，在友童的《懒妈妈的快乐育儿经》里记载着这么一个教育案例：“娇娇是一个文静秀气的女孩子，妈妈想改变娇娇过于文静的特点，让她泼辣起来，所以在娇娇 4 岁的时候带她去学习游泳。娇娇很怕水，在游泳池边说什么也不敢下水。教练把娇娇强行推到水里，并告诉妈妈，小孩子都是这样学会游泳的。但自从那次以后，娇娇再也不肯去学习游泳了，提到水，连洗澡都不肯。”这虽然是一个儿童教育案例，但它为我们揭示了一个典型的心理问题——一些孩子在特殊的阶段或因为特殊的经历，对水是畏惧的。如果站在设计的角度，将它转化成具体的设计问题，结果将会怎样呢？也许可以用嬉水玩具、游泳教具等辅助产品舒缓孩子们的畏水情绪，建立起对游泳的信心。类似于这样的文献资料，不同程度上都可以为相关的项目提供很好的参考素材。

3.2 寻找问题——设计调研

飞利浦公司的设计师刘昭槐说：“我们观察人们的生活，不仅仅是看他们如何使用他们的产品，还要研究他们的行为心理。”可见，设计调研的过程是设计者寻找问题、分析问题的主要阶段，也可以说是注重观察、理解，进而进行概念预测的一系列过程。在此阶段中，寻找设计问题主要是通过多方面的设计调研来进行的，一方面是围绕与产品、消费者相关的人文、社会因素加以展开，另一方面也以产品本身为中心展开各类设计调查。

设计调研是用户需求、竞争产品分析、标杆市场分析等因素的整合。它是一个相对理性的演绎推理过程。设计者需要通过对产品各因素的综合分析，提炼出关键性信息，以便制定相应的设计任务。

3.2.1 用户需求调查

1. 目标人群

确定目标人群，是进行用户需求调查的前提。这里需要对人群的年龄、职业、家庭、日常生活等因素进行具体的搜集整理。

不同的目标人群，因群体差异，在产品设计语言表达上不尽相同。如设计一款数码相机，针对 8～12 岁儿童和 20～25 岁成年人两类目标人群，在产品造型和结构上，肯定存在着明显差异。儿童因活泼好动，在儿童相机设计定位上需要考虑它的色彩与成人的区别，儿童一般喜欢鲜艳的色彩，如表示相机结构可以用大块面红、黄、蓝三色区分不同的功能区域，以便孩子们清楚地明白其用法（图 3-3）；而 20～25 岁的成人使用的相机则需要尽可能小巧，以便于出游时拍摄，同时要符合人体工程学的特点，在拍摄操控时方便快捷。

图 3-3 儿童相机

在儿童相机中，稳定性和粗壮性是语义的重点，而成人相机的精致和高质量是语义表达的重点。

2. 需求分析

产品设计的本质是“以人为本”，以用户为中心；用户需求是产品设计研究过程中的关键因素。用户需求包括生理需求、心理需求以及社会认可需求。对用户需求的关注，往往会产生实质性的创新。例如，20 世纪 70 年代末的某天，索尼公司的创始人盛田昭夫看到另一创始人井深大提着一部笨重的录音机，戴着一副耳机，迎面走来。盛田昭夫觉得很奇怪，问：“你这是干什么呢？”井深大说：“我喜欢听音乐，但又怕影响别人，所以只好戴耳机。我又不想只能在房间里听，所以只好带着录音机到处跑了。”盛田昭夫受到启发，后来设计出了“随身听”。这是一段极其平常的对话，却透露了一个重要的市场需求。可见，用户的需求并不见得多么复杂，但是它往往包含在用户不经意的谈吐或行为之中，需要设计者细腻地观察和捕捉。

这个故事可以映射出儿童产品设计不仅仅是为了满足单纯的产品形态，它的根本目的是为了设计出满足儿童不同需求的实用型产品。设计师通过对儿童生活细节、心理活动、行为特征的观察与捕捉，发掘儿童群体中显在或者潜在的生理、心理等需求，用以指导新产品的开发设计。

一般来讲，设计师对于儿童具体需求的调查研究可以通过问卷调查、图片日记、观察，以及对用户的深度访谈等社会方法和民族志方法来进行。

问卷调查——是通过对较大数量的人群进行数据的搜集，包括用户的观点、态度、喜好、个人情况等，既可以是抽象的观念，也可以是具体的习惯或行为，进而获取相关量化数据，挖掘与产品设计、用户界面和可用性相关的信息。

下面以儿童益智玩具的调查为例（选取了部分内容）分析问卷调查方法。

儿童益智玩具问卷调查

您好，我是 ×× 学院 ×× 系设计专业学生，因设计研究需要，现对儿童益智玩具产品进行消费者调查，谢谢您配合我完成这份调查问卷。本卷针对现有的儿童益智玩具展开研究，不参与任何的商业活动，对于您的信息我们会严格保密，希望您积极填写。

（1）您孩子的性别：

男孩□　　女孩□

调查对象：家中的孩子有 57% 是男孩，43% 是女孩，男女比例较为均衡。所以孩子的性别对最后调查结果，影响不大，可以作为客观了解益智玩具使用情况的凭据。

（2）您孩子的年龄：

0～12 个月□　　1 岁～3 岁□　　3 岁～6 岁□　　6 岁以上□

儿童年龄区间：调查对象中 0～12 个月的孩子占 24%，1～3 岁的占 20%，3～6 岁的占 40%，还有 16% 是 6 岁以上的孩子。所占比重最大的是 3～6 岁年龄段的孩子，该年龄段属于学龄前，正是学习锻炼的最佳时间段，因此对本次主题有重要的参考价值，如图 3-4 所示。

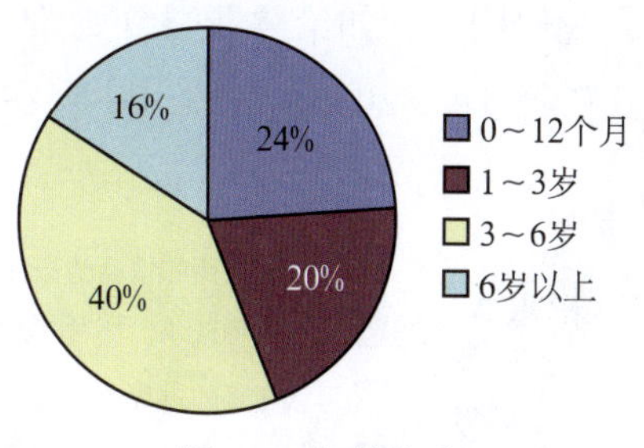

图 3-4　年龄构成

（3）孩子每件玩具的平均花费：

50 元以下□　　50～100 元□　　101～200 元□　　201～400 元□

400 元以上□

大众对益智玩具的消费水平，对于益智玩具开发设计有一定的指导意义，它为设计者提供了成本预算的参考。因此，在这里进行数据调研非常有必要，图 3-5 显示 40% 的家长更愿意接受 100～200 元的价位。

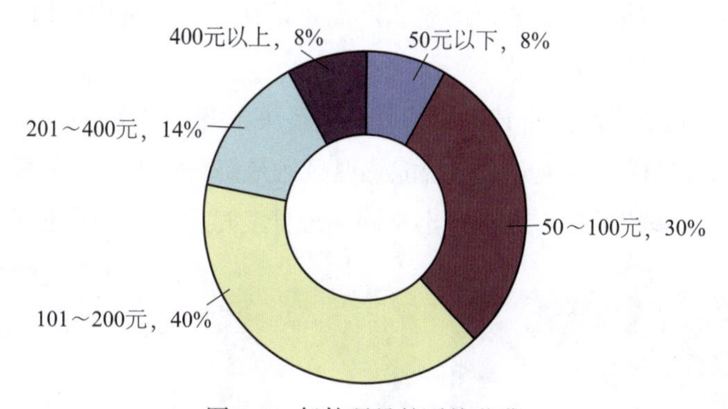

图 3-5　每件玩具的平均花费

（4）您一般选择什么功能的益智玩具？（多选题）

有利于智商和情商的开发□　　具有多种玩法，让孩子保持长时间的兴趣□

可以在玩的过程中学到知识□　　让父母和孩子共同游戏，培养亲子感情□

让孩子与他人一起玩，学会分享□

调查结果如图 3-6 所示。

访谈是研究者根据设计研究所确定的要求与目的，按照访谈提纲或问卷，通过个别面访或集体交谈的方式，系统而有计划地搜集资料的一种方式。

儿童产品的设计研究中，用户访谈是直接性进行用户数据搜集的方式。但需要强调的是，儿童产品的最终数据并不只是来自儿童，作为儿童的监护人，家长们的看法也很重要。一方面，由于年龄的原因，儿童不见得能充分表述自己的想法、理解生活现象或思考生活问题，往往需要家长们代劳，提供一些与主题相关的内容传达给研究者；另一方面，很多儿童产品是由家长辅助儿童使用的，如给婴儿喂食奶粉，从准备奶粉到喂奶的过程，家长完全参与，他们最能体会整个过程，也最能发现其中存在的问题。

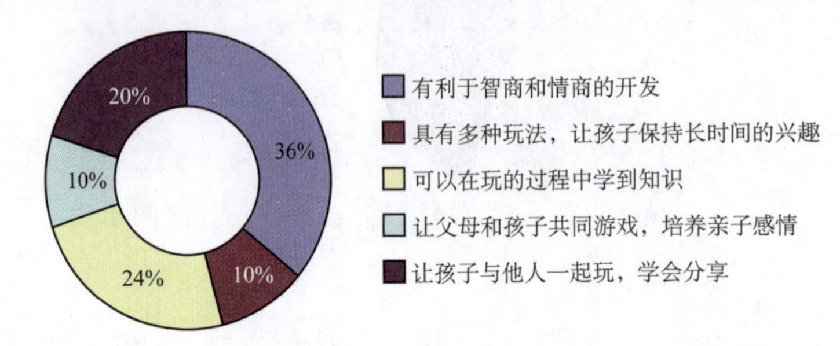

图 3-6　益智玩具的功能

如图 3-7 所示是英国汤美天地（Tommee Tippee）的一款智能感温奶瓶，它主要通过奶瓶中央由感温材料制作的导管感应奶水的温度，用导管颜色的变化提醒使用者。当温度适中的时候，导管显示蓝色，当温度过高，导管变为红色。很显然，没有喂养过婴儿的人很难想出这种细微的设计，汤美公司的这款产品正是从用户资料中获取有效信息，并将用户的建议快速地吸收并转化为产品。

如图 3-8 所示，这款产品是上述问题的另一个解决方案，只是在这个方案中温度感应的部位在奶嘴上。不管怎样的解决方案，智能感温显然是奶粉喂养中最明显的一个设计需求，设计师们正是抓住这样的设计需求，做出不同的设计尝试，以求得到最好的解决方案。

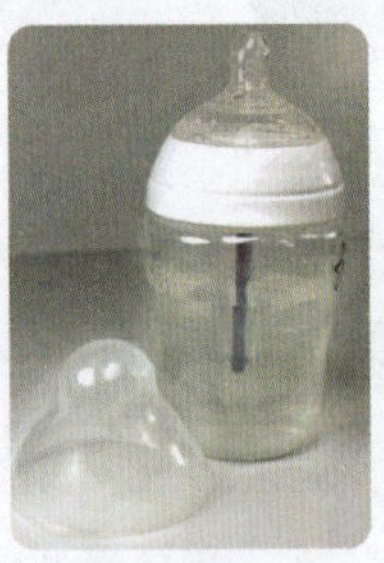

温度适中状态　蓝色

温度过高状态　红色

图 3-7　智能感温奶瓶

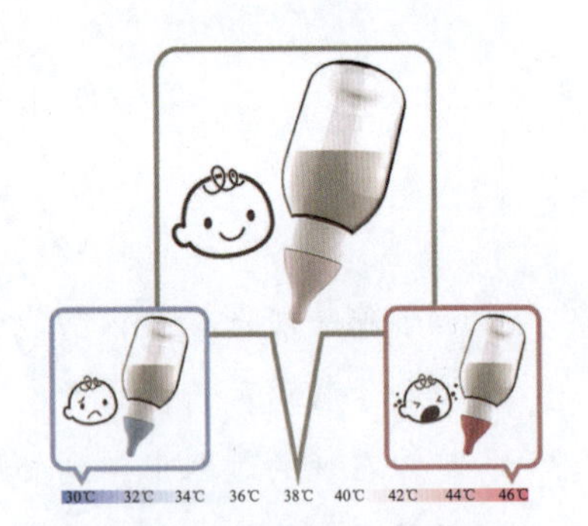

图 3-8　智能感温解决方案

用户围绕“游泳”提出的需求，见表 3-1。设计方案如图 3-9 所示。

表3-1　用户调查分析

用 户 表 述	需 求 属 性	解 决 方 案
“妈妈，我的泳圈太大了，我总是掉下去！”	物质需求	内裤与游泳圈的叠加
“海水下面是什么样呢？”	心理需求（好奇）	窥视镜原理移植
“游得我好渴啊，我好想喝水呢！”	生理需求	泳圈内置水杯

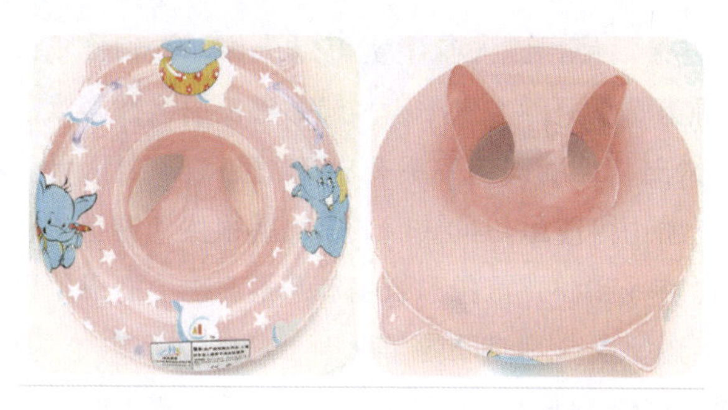

（a）解决泳圈太大问题

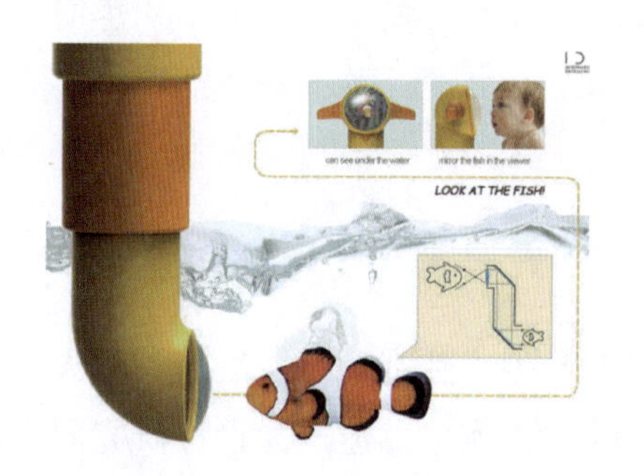

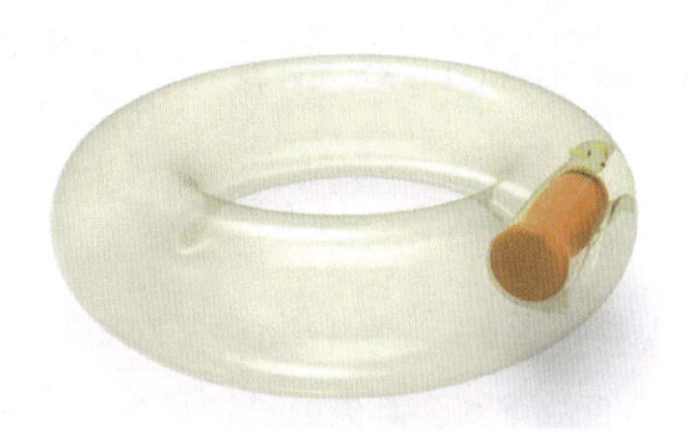

（b）解决观察海水下什么样问题

（c）解决口渴问题

图 3-9　“儿童泳圈”设计

观察是一切设计活动必须具备的一种基本能力，设计师可以通过对自然、对社会现象、对人们行为的观察来获取设计灵感，用于启迪设计思维。观察不仅仅是用双眼观看事物，观察往往是伴随着设计师的思考分析，设计师通过对事物表象的观察认识，进行思考，从中发现事物背后的本质特征和发展规律。日本的一项调查研究表明，日本生活用品的发明专利很多都是家庭主妇申请的，这是源自她们在家务劳动中对生活现象的敏锐观察。她们从事的家务劳动越多，发现的产品设计问题或缺陷就越多。而她们发现的设计问题足以代表大多数人的潜在需求。大家熟悉的 MUJI（无印良品）曾在 2003 年实施名为“观察”的开发计划，开发团队会直接拜访消费者，观察其日常生活，并对房间内每一个角落乃至每件商品一一拍照，照片随后被提交讨论分析，以此挖掘潜在消费需求。

儿童设计需求的挖掘，同样离不开设计观察。设计师可以观察儿童的阶段特征，也可以就某一具体事件（或产品使用）对他们的生活方式及行为方式进行直接观察。通过观察，发掘他们的共同特点或个体差异，感受他们的心理变化，为用户需求的分析搜集真实信息与数据。

在儿童日常生活中经过观察分析被改善的儿童产品比比皆是。在过去很长一段时间内，很多人甚至孩子的家长都认为，儿童产品与成人产品可以等同使用，其实这是一个观念的误区，儿童在行为方式、使用方式上与成人相差甚远，如果等同使用，势必会造成不必要的麻烦。例如，家长让正在学习进食的孩子使用成人碗，这种现象在生活中早已

图 3-10　德国 GYRO BOWL 飞碟碗

司空见惯。使用成人碗确实可以让孩子吃到食物，但是“能用”并不意味着“适合”，家长们往往因为混用产品付出相应的代价——要么碗被摔破，要么食物洒一地。德国 GYRO BOWL 飞碟碗就很好地避免了这个问题，它是由两个可旋转的碗及环条连接而成，以离心力为主的设计，即使外部把手部分被上下左右摇摆，内部也会维持平衡，可有效避免儿童因调皮好动而造成的食物外溢，如图 3-10 所示。可见，儿童使用的产品应从他们实际需求出发，而不是随意被成人的产品所取代。

3.2.2　竞争对手分析

《孙子·谋攻》：“知己知彼者百战不殆。”意思是说，在战争中，既了解敌人，又了解自己，百战都不会有失败。这尽管是古代战争的一种谋略，但产品设计研究同样需要有这样的意识。通过对竞争对手的研究，不仅可以取长补短，吸收对方的研究精髓，完善自己的项目内容，同时能发现对方研究领域的不足，从中找到市场缝隙，赢得新的发展机会。

要对竞争对手进行分析，首先需要清楚地认识进行同一领域研究的竞争对手是谁，他们所研究的竞争产品有哪些；其次是了解竞争对手的产品特点与发展策略。通过对不同竞争对手的信息整理，发掘他们的共同特征与发展差异。通过这些共性与个性的比较，可以发现潜在的用户或市场需求，了解目标产品与其他企业的同类产品间竞争的重点，并且把握相关产品的市场发展趋势，从而逐渐明确设计概念变化的、新的必要性和可能性。

以儿童学步系列的产品开发为例，对同类产品进行竞争对手分析的时候发现，市面上的学步系列产品大致可以分为动态和静态（这里的动、静态是相对的）两种，“动态”一般是指在小孩推动或拖拉产品时，产品会产生声音、动作等变化；“静态”则只是形态上会偏趣味化、卡通化；相比之下，家长和儿童更喜欢前者，一方面，动态的学步产品具备一定的功能性与趣味性，可以激发儿童的学步兴趣；另一方面，很多学步产品经过功能组合，后续可以作为其他用途使用，如学步功能与积木功能的叠加。可见，分析同类产品的市场经验，可以帮助设计者了解消费动向，少走弯路，同时可以捕捉新的行业发展趋势，发现潜在的市场机会，见图 3-11。

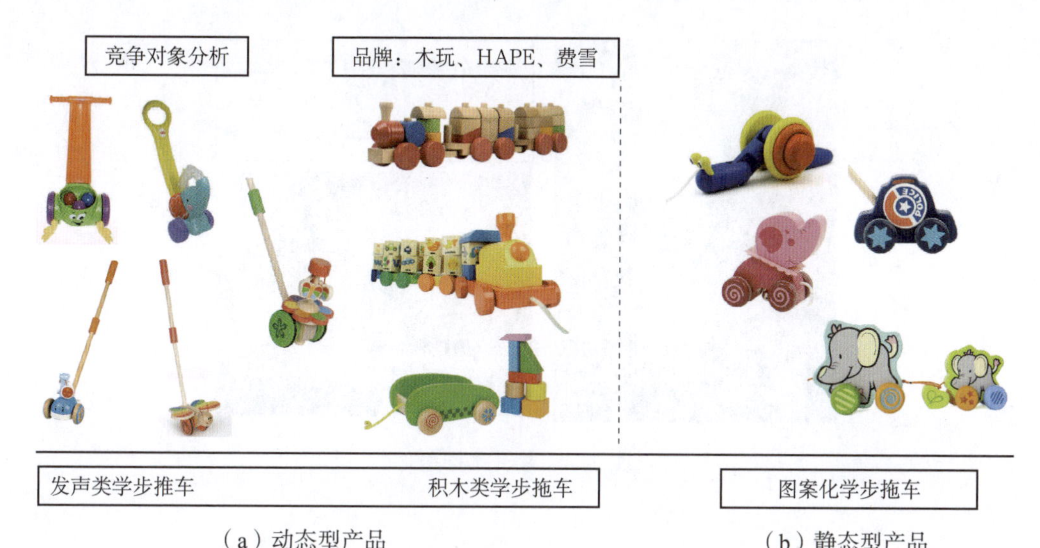

（a）动态型产品　　（b）静态型产品

图 3-11　儿童学步系列产品

3.2.3　使用环境分析

产品和其使用环境密不可分。产品因人和环境而存在，它提供给人们使用，还提供给人们欣赏，满足不同的需求。

不论是做哪一类目的产品设计，设计者都不会忘记将它与“人”的因素联系起来，但产品的使用环境因素却总被忽略。其实人—物—环境的三者关系是不可分割的，“人”和“物”好比构成直线的两个不同的“点”，缺少了“环境”这个第三个点就不能构成稳定的系统关系。所以设计者不能孤立地研究产品，要将产品放入不同的环境中进行设想，分析其不同环境下产生的各种可能性因素。一般而言，产品使用环境的调查分析主要考虑产品与环境是否协调、产品在环境中是否处于主导地位、产品在其他环境的使用度等。对产品使用环境的深入分析，往往会打破惯性思维，给设计带来意想不到的启发。

婴儿手推车是一种很常见的儿童产品，目前市面上的大多数手推车都是折叠型的，不论是放在家里还是自驾出游，都很方便，且不会占用很多地方。但是如果给手推车换一个使用环境——带到飞机上或者高铁动车上，就显得有些麻烦，相对于飞机或动车上的行李架，折叠完的手推车略显庞大。图 3-12 所示的婴儿手推车考虑到特殊的环境，将产品最终收纳成一个行李箱的大小，很好地解决了新环境所带来的麻烦。进行产品研究分析时，考虑不同环境下产品使用带来的各种可能，可以使产品设计内容更加明确清晰，使作品更加完整。

图 3-12　婴儿手推车

3.2.4　其他因素分析

儿童产品设计调查除了上述 3 个主要部分外，研究者还需要对技术趋势以及社会变化趋势有所研究。

对技术趋势的了解，可以为儿童产品开发提供新的应用平台，如上一章节中讲到的创意思维里的原理移植，就是依赖于新技术的出现。因此，设计者要随时关注新的技术动态，尝试将这些新的技术原理应用到产品设计上，进行具体的可行性开发研究。

社会发展不是一成不变的，随着社会的发展，产品设计也会因社会环境等多种因素的影响而发生改变。换句话说，每个时代的产品都是社会变化趋势的映射，儿童产品也不例外。如现代工业化的高速发展对环境造成了严重的影响，人们不得不重新审视自身行为，权衡人与自然、人与环境之间的关系；生态设计、绿色设计越来越被人们倡导。这样的社会变化趋势决定了儿童产品从产品材料、使用方式上都需要从低碳环保、可持续型发展的角度考虑，这也是设计研究者在特定的生活背景下应当考虑的因素之一。

综合上述内容看，儿童产品的设计调查分析同样是一个内容丰富而略显散乱的过程，需要研究者对调查中的各种关系进行理性的思考，对相关信息进行有序的整理、分析，弄清楚研究过程中存在什么样的问题，认识问题的主次关系，分析问题的组成，将主要性因素罗列出来，删除不必要的干扰因素，为整个设计研究梳理一条清晰的设计主线。

3.3　设计定位

设计定位，是设计师在设计调研之后对产品的功能、结构、风格、材料等方面确立具体明晰的方向；是进行创意转化，面向真实市场开发新产品的策略性定位。

产品设计定位在设计研究中处于承上启下的地位，它既是设计者综合了前期设计调查中的不同因素，提炼出关键性信息；同时，制定合理可行的指导性概念和方针，又能为后续的设计创意提供导向性内容。

产品设计定位的内容范围的划分大致依据如图 3-13 所示的方法，即所谓的 5W2H 定义法。这样的定义方式有助于设计思路的条理化，杜绝盲目性；有助于全面思考问题，避免在流程设计中遗漏项目。

图 3-13 5W2H 功能定义法

（1）Who——为谁设计？谁在使用？他们有何特殊的需求？

（2）Where——在哪里使用？使用环境如何？

（3）When——何时？产品功能什么时候使用？

（4）Why——为什么要这么设计？它能满足消费者什么样的需求？

（5）How to do——产品的功能如何实现？采用什么样的结构？运用了哪种技术原理？

（6）What——产品的最终功能是什么？具备什么样的分功能？

（7）How much——质量水平如何？费用产出如何？

这里仍以学步玩具进行产品定位分析。

Who（定位人群）：1～2 岁刚会学走路的低龄儿童。

Where：室内，或户外。

What：以推或拖为驱动，主题性学步玩具。

When：与父母或长辈亲子互动的时间；学走路的期间；自娱自乐的时间。

Why：一方面是为了辅助儿童学习走路；另一方面基于一定的设计主题，从声音、动作上激发孩子的探索兴趣。

3.4 概念生成

3.4.1 创意构思

创意构思是指在完成产品概念定位之后，针对产品的形态、功能、材料、结构、风格、色彩进行具体化的构思。这是将前期概念定位中的数据与信息用视觉化的手法明确表达的过程，在创意构思的过程中设计者会运用具体的方法对产品进行创意开发，如常用的头脑风暴法、关联分析法，具体内容可以参见第 2 章。

创意构思常常伴随着草图分析的过程，草图分析如图 3-14 所示，用图示的方式帮助设计者记录下创意过程中的种种设计思考。设计师的创意构思不一定都是有法可寻的，有时也有顿悟带来的设想，用草图的方式可以随时记录，以便积累更多的创意。设计草图的内容没有太多的限定，但一般包括平面图、透视图、细节图、结构分析图以及使用情景图。这些不同的图示可以构成一个完整的草案分析，以较为全面的方式帮助设计者梳理思路。

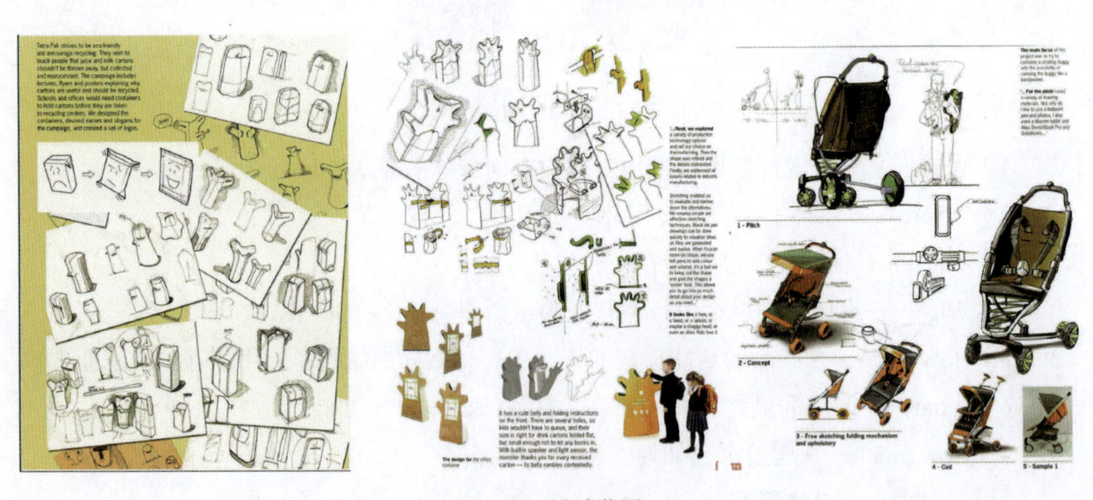

图 3-14 设计草图

3.4.2 造型、色彩研究

参见本书第 1 章相关内容

3.4.3 人机工学

人机工学是产品设计概念视觉化阶段必不可少的内容。它研究的核心问题是不同的作业中，人、产品及环境三者间的协调关系。其目的是通过各学科知识的应用，指导工作器具、工作方式和工作环境的设计和改造，使得作业在效率、安全、健康、舒适等几个方面的特性得以提高。

儿童产品设计中，需要考虑的人机关系主要是下述几个方面。

（1）儿童产品的尺寸设计是否适合使用环境，是否适合用户。例如，设计者想设计一个钻爬类的游乐玩具，需要考虑产品的长度、宽度及高度的适宜尺寸，以避免对孩子造成不必要的伤害。曾经有一则报道，一名儿童不小心把手指塞入凳子上的圆洞，结果手指被卡住拔不出来。多数人会谴责孩子调皮，殊不知这是产品的尺寸不合理造成的。儿童在一定的阶段会对不同形状的孔洞产生兴趣，这是好奇心所致。对于孩子的天性，成人唯一能做的是对产品人机关系的合理性研究。

（2）儿童产品界面的合理性。之前一直在讲儿童群体的特殊性，这一点在产品的界面设计中体现尤为明显。儿童尤其是低龄儿童对抽象的文字和数字并不能像成人一样充分识别，那么在儿童产品界面中运用过多的字符是无意义的。儿童的界面设计中更多地应该运用色彩和形状加以区分。如色彩和体块的大面积划分、按键的夸大表现等都是该类产品界面中常用的手法。

3.5 设计概念视觉化

尽管常常将设计调查分析视为构成设计创意的重要因素，但是再好的设计创意没有付诸于准确的设计表达，那只能算是“纸上谈兵”。设计概念视觉化解决的正是这一类问题。它是通过二维效果图（图 3-15）或三维效果图（图 3-16）的表达方式，直观地将抽象的、技术性的设计概念描述转换成可视可感、富于情感的设计体验。

正是基于这样的设计体验，设计概念视觉化又显现出它的另一个优势——凭借清晰的视觉语言将设计方案展现给用户，与他们直接交流，并从用户那里搜集到有益于产品优化的反馈信息。再优秀的设计也需要用户的仔细推敲，很多设计表达的概念看似完美，但一旦被结构工程师或企业客户评判，就很可能因为技术或成本问题而受到生产限制。例如，在儿童产品设计中，设计者非常喜欢用仿生手法进行产品形态开发，尽管仿生形态的产品很可爱，符合孩子们的审美观，但造型相对复杂，生产加工会有一定的难度，所以儿童产品设计师需要借助视觉化的概念表达，与企业共同权衡各种因素，寻找最佳的解决方法。

可见，这种“眼见为实”的形式是产品设计研究者们进行沟通与评选的最便捷的方式。

这样的方式决定了设计师需要同时具备设计表达、沟通交流以及设计思考等不同能力。不仅需要满足产品功能、美感需求的表达，还要能够充分发挥沟通能力，在与客户交流的过程中寻求最优目标。

图 3-15 “兔子”儿童电话二维效果图（设计者：单珊珊）

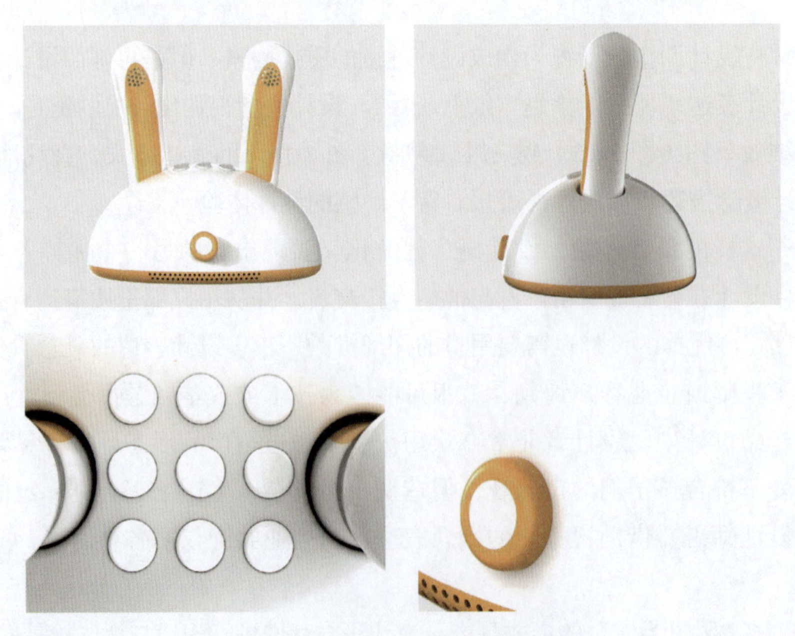

图 3-16 “兔子”儿童电话三维效果图

3.6 验证设计概念

3.6.1 概念验证

设计的最后阶段是将生成的设计概念进行理性验证，通过验证，分析出设计概念的合理性，选出最优方案。设计验证的内容见表 3-2。

表3-2　设计验证的内容

内　　容	验证结果
是否恰当地反映了最初的定位方向？	
是否符合儿童产品市场将来的需求？	
是否较好地解决了儿童的实际需求？	
所提出的功能和结构，在技术上是否可行？或者是否可以在可预见的将来实现？	
工艺上是否可以实现？	
是否还有其他新的地方可以突破？	
制造成本是否过高？	
儿童在使用过程中安全性是否有保证？	

与最初设计定位进行充分的比较和印证，有利于设计师在方案后期以理性的思维检讨设计的正确与否，合适则进一步深化，偏离则加以修正。

图 3-17 所示是《北欧设计学院工业设计基础教程》中的一个案例，在儿童便携水杯的开发设计中，产生了 3 款概念性设计。概念一是以 3 个铃铛形模块构成，每个可装 125ml 水，它们可以首尾连接成一个整体；概念二是通过水瓶盖子旋转到一定位置，水可以顺利倒出，并且盖子上的小猪可以随着旋转变换成笑脸；概念三是由一组变换的吸管组成的饮用水瓶，瓶体由 3 条腿组成。

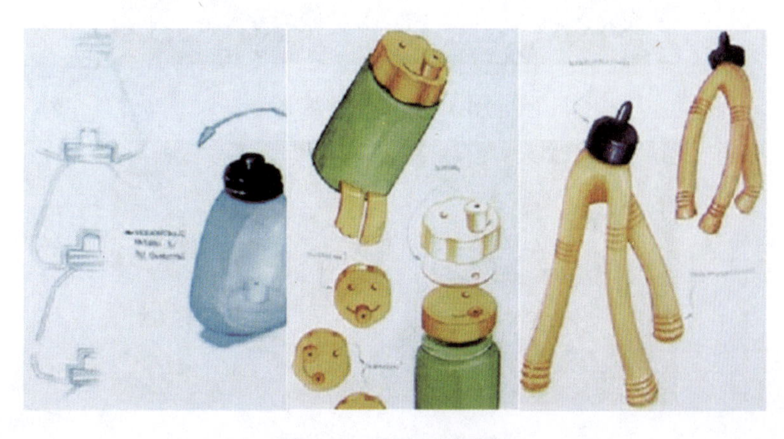

图 3-17　儿童便携水杯

根据设计初期的概念定位和用户需求，对3个不同的方案进行了分析比较，大家明显喜欢方案三。这时候就可以对其进行后续的深入发展。

3.6.2 模型制作

模型制作是产品设计过程中一个十分重要的阶段，它可以对设计创意直接物化，可以以更加直观的视觉效果来检验方案的可行性。模型制作的目的是设计师将设计的构想与意图结合美学、哲学、艺术学、人机工程学等学科知识，运用不同的技术与材料，塑造可触可感的空间形体传达设计创意，这是一个以实物形式使设计创意具体、形象化的研究过程。

设计师在对形体、色彩、尺寸、材质等因素进行整合的过程中，不断完善设计创意，这样的优化过程也为与结构工程师或企业进行交流、研讨、评估提供可视的实物参照，有利于更加直观地对设计方案作进一步调整、修改和完善；能够有效地规避实际生产中可能出现的不必要的麻烦，降低其生产的风险性。

通常情况下，设计研究中的模型制作会依据实际情况选择不同的材料及加工方式。以儿童产品中最常见的塑料模型为例，其加工方式就有发泡塑料模型、ABS热压模型、数控加工模型以及快速成型的树脂模型。

这里以最常用的ABS热压模型的制作过程为例：ABS热压模型学习训练的技能主要在于弧形曲面形态的热成型技术和自制热压模具的加工技术；另一个目标是训练掌握产品塑料模型的零部件加工和组合的基本技能技术，为最后学会制作产品逼真模型打下基础。制作过程如图3-18～图3-25所示。

图3-18 发泡切割

图3-19 R量规制作

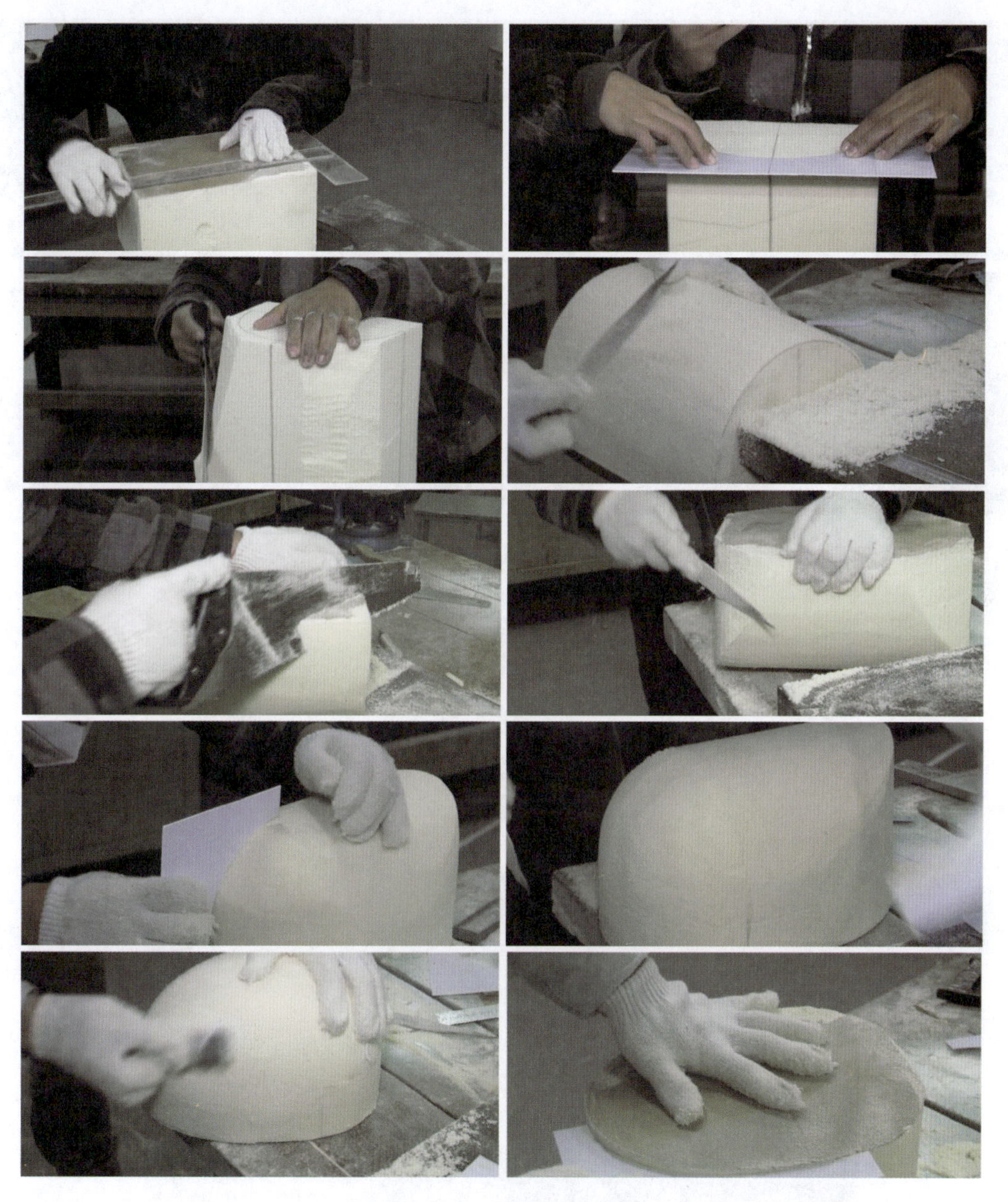

图 3-20　制作热压内模

图 3-21　制作热压内凹模

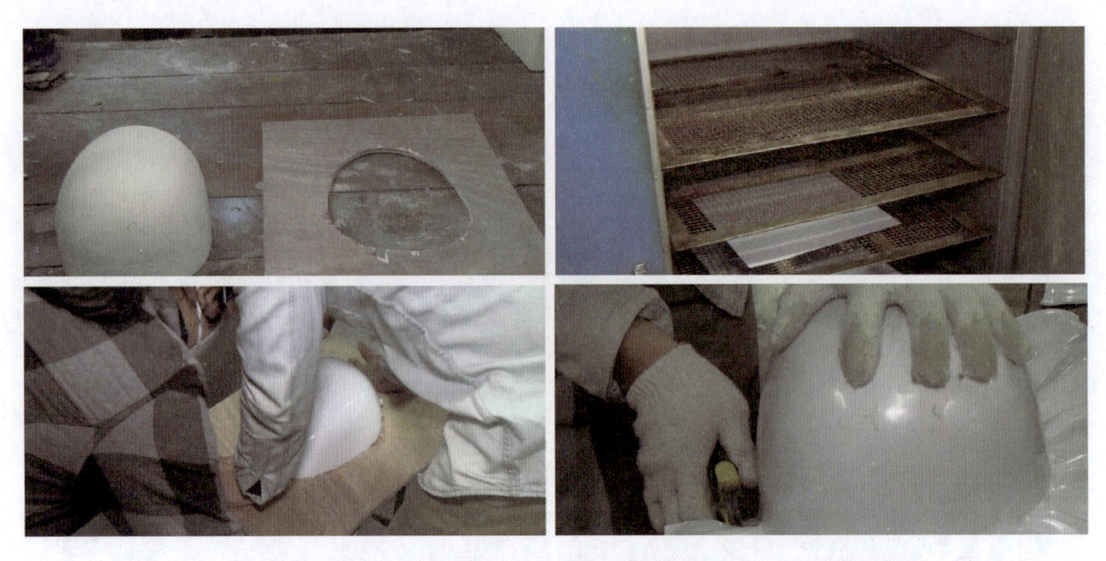

图 3-22　ABS 板加温——压制模型曲面形态——去除废料

图 3-23　使用高度画线尺确定模型高度

图 3-24　制作模型孔洞

图 3-25　模型最终表面喷漆

小结：从上述儿童产品设计流程看，作为儿童产品设计的从业者，应具备的能力是多方面的：创新——想象力、创新意识、教育理念、好奇心、倾听力、观察力、设计思考等；技术——材料知识、制作工艺、科技信息、软件运用、设计表达、客观因素分析等；项目运作方式——团队工作、交流沟通、适应能力。

案例分析篇

“儿童产品设计”案例分析

俗话说“仁者见仁，智者见智”，面对不同的事物，不同的人由于生活经验存在差异会有不同的理解与见地；设计研究亦是如此，在儿童产品设计的教学中，教师依据一定的社会现象或生活问题，提取了不同的关键词作为主题，开展教学活动。在不过分强调具体设计对象、限定具体设计内容的前提下，通过一定的教学启发引导学生建立对主题词汇的理解，结合生活观察与经验，发散出不同的设计观点，进行设计研究。

因此，在下述案例分析中，4个横向主题下面都安排了两个具体的案例，旨在用这样的研究过程来证明不同设计问题的背后存在的多种可能性，通过不同的研究和诠释，可以产生不一样的设计结果。

第4章 儿童产品设计主题教学研究——设计主题“轨迹”

4.1 主题综述

4.1.1 课题背景

智能终端的广泛运用，使得学龄前儿童越来越多地关注电脑游戏、手机游戏，在很多场合，都可以看见小孩抱着 iPad、iPhone，独自沉迷其中，而趣味性的益智玩具逐渐被遗忘，这是众多家长感到头疼无奈的教育问题。如果将电脑或手机游戏开发成不同造型的益智玩具，或许可以很好地转移孩子们的视线，真正培养他们手眼脑并用的能力。

本课题基于这样的生活背景，尝试做一次主题为“轨迹”的产品开发设计。

“雁过留声，风过留痕”，任何事物的发生，都会留下印迹；之所以对这次的设计主题定位为“轨迹”，是因为许多电脑游戏、手机游戏都是以动态为主，游戏玩家在游戏的过程中会留下有形或无形的轨迹，而轨迹背后往往蕴藏着各式各样的游戏原理。将主题命名为“轨迹”可以引导学生透过现象看本质，通过游戏去发现不同的轨迹方式，理解不同的游戏规则，为游戏物化成不同的玩具形态提供更大的可能性。

4.1.2 项目设定

案例：儿童益智玩具设计。

项目：专项设计一之虚拟课题。

课时：5 周共 80 课时。

使用对象：学龄前儿童。

设计要求：根据“轨迹”这个主题，设计一款适合学龄前儿童使用的益智玩具。产品应充分考虑使用人群的发展需求，通过游戏性产品培养儿童手、眼、脑并用的能力。

4.1.3 教学设置

1. 教学目标

儿童益智玩具很多都是从益智游戏发展而来，多用以锻炼孩子的各种能力。基于这样的认识，本课程尝试搜集与整理不同的游戏，提炼出游戏原理并将其应用于儿童益智产品；在教学过程中，引导学生通过各种途径了解儿童的特征喜好，运用活泼可爱的造型语言将各种游戏物化成可观可感的产品实物，旨在培养学生创意转化的设计能力。

2. 教学重点

教学主要借助游戏将学生迅速带入主题。但游戏内容的介入并不意味着做简单的加法运算，还是需要学生们建立起一定的转换能力——从具象到抽象，从二维到三维（如平面类游戏）的思维转化。这对于设计初学者而言，是一个很好的思维训练过程。

3. 教学内容

（1）资料搜集与分析

① 通过资料搜集和分析，迅速而全面地把握相关的背景知识和信息，并挖掘课题深入的方向。

② 借助多种途径获得与游戏相关的数据和资料：手机、计算机、书籍杂志等。

③ 对信息进行分类整理，提炼出要点信息与问题。

研究方法：资料搜集法、图片日记等。

（2）设计调查研究

① 儿童生活方式、行为特点的分析研究。

② 针对性地对市场、用户等相关内容进行具体深入的调研。

③ 围绕主题对相关资料关联进行研究。

④ 通过设计调查，提炼关键词，制定设计纲要。

研究方法：问卷调查、访谈、实地调查。

（3）概念设计方案

针对所提炼的关键性信息，构想设计方案，并进行深入优化，以趣味化的产品取代电脑游戏、手机游戏。

4.2 教学启发

4.2.1　主题理解

在主题研究中，首先需要让学生清楚地了解“轨迹”一词，对核心词汇的剖析可帮助学生正确理解主题，保证后续设计任务不偏离主线。

轨迹一词在字典中的释义为：① 一个点在空间移动，它所通过的全部路径叫做这个点的轨迹；② 轨道；③ 比喻人生经历的或事物发展的道路。

英汉字典对“轨迹”的解释：可变点或物体按一些特定条件移动出的曲线或路径。

由字面意义可以对轨迹的初步认识如下：不同的外力（如牵引力、平衡力）作用下形成的轨迹各不相同，可简单分为：有固定轨道形成的轨迹和无规律、任意形式的轨迹。

其次，要让学生明白什么是益智玩具，在以往类似的练习中很多学生对益智玩具的概念模糊，导致最终的方案偏离开始的设计范围。因此，这里需要明确指出。

儿童益智玩具是指在游戏过程中能提高儿童智力，培养儿童解决问题能力的一类儿童产品。这类玩具通常会给儿童设置一定的问题空间，用以促使儿童的思维能力与逻辑水平的提高。同时，益智类儿童玩具还包括那些能够发展儿童的语言能力、社交能力和挫折应对能力等心理素质的玩具。在与益智类儿童玩具的互动中，儿童会手脑并用，边想边做，以寻求最满意的答案。拼图、七巧板、魔方等都属于益智类玩具的范畴。

4.2.2　主题启发

此次课程的主题启发很简单，就是通过各种方式寻找游戏，包括单机游戏、实物游戏等，只要能够反映课程主题，都可以作为参考内容，如“数独”、“俄罗斯方块”、“找你妹”、“保卫萝卜”等。但搜集到的游戏内容相对凌乱，需要引导学生对游戏类别、功能等因素进行归类（表 4-1 和图 4-1），以便选出最适合主题的游戏。

表4-1　游戏分类表

游 戏 名 称	游 戏 类 别	游 戏 功 能
Teeter for HTC	手机游戏	侧重锻炼平衡感的一款游戏
数独智力游戏	网络小游戏	侧重秩序感，启智性的游戏
溜玻璃球	实物游戏	技巧性多人娱乐游戏
多米诺骨牌	实物游戏	集动手、动脑于一体的游戏

图 4-1 网络游戏搜集

这样的主题启发对于设计的展开有着重要意义，从游戏这一熟悉的内容入手，会使学生没有陌生感，这就好比写作一样，有话可说，有据可依，能够帮助学生迅速地寻找设计突破口。用这样的方式同样可以让他们明白一个道理——新产品的开发不是凭空出现的创意，不可能一蹴而就。它是一个充分发挥创造力的渐进过程。设计必须贴近生活，源于生活，需要我们平时对知识和经验的积累、储存。

下述内容为主题设计的研究过程，分别以朱其威与周文两位同学对主题的研究内容为例，用具体的设计案例，展示同一主题下学生推理演绎不同设计结果的全过程。

注：本章节楷体字代表教师与学生所述内容。

4.3 “小甲虫历险记”益智玩具设计

4.3.1 从 Teeter 游戏出发

学生：朱其威（以下简称朱）。

朱：在搜集游戏的过程中，我想到了 HTC 手机里的一款游戏 Teeter（图 4-2），大多使用过 HTC 手机的消费者都玩过该游戏。游戏里每一关都设置了不同的路线，游戏者需要按照一定的轨迹行走才能顺利过关。在我看来，游戏中的每条路线都可以看作是隐形的轨迹。我想把该手机游戏作为此次设计的突破口。

Teeter 游戏内容介绍：Teeter，中文意思为“摇晃中站立或移动”。其实就是将白色的弹珠通过光滑的木板推至绿色的洞中。游戏锻炼的是平衡力、观察力和耐力。游戏分 32 局，其中前 16 局界面为光滑的平板，后 16 局界面为凹凸的滑板。游戏以计时方式进行，用时最少者为胜。游戏规则如下。

（1）确定前进路线。每局开始，要以最短的时间找到弹珠的运行方向和路线。

（2）使用两种策略。前 16 局界面为平板，路线相对简单，在安全的前提下，以最快的速度完成，尽可能减少失误。后 16 局界面为凹凸的滑板，路线相对复杂，容易跌入陷阱，该阶段不求快，重点是瞄准方向。

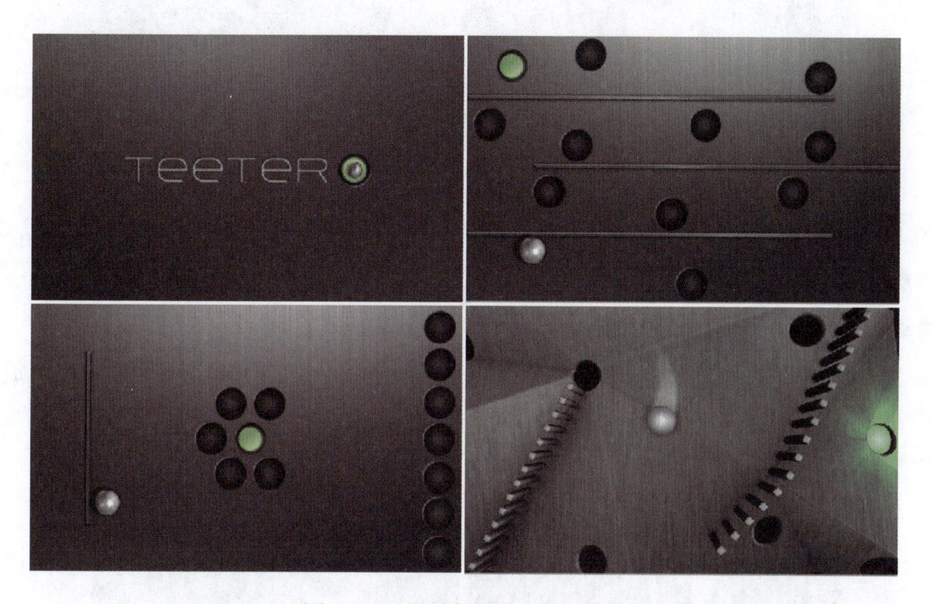

图 4-2　HTC 手机中 Teeter 游戏

师：游戏资料的搜集使学生对主题有了初步的理解，但产品设计的研究由若干因素组成，它离不开真实的市场调研、用户的需求分析以及使用环境等内容。因此，接下来引导学生如何对这些因素展开搜集整理。

4.3.2　儿童眼中的“虫虫世界”

朱：在用户分析中，我以一个叫欢欢的 4 岁半小朋友为原型进行调查分析。

调查对象：欢欢——一个生活在城市里的 4 岁半小男孩，幼儿园中班。

家庭成员：爷爷、奶奶、爸爸、妈妈，欢欢是家中唯一的孩子。

家庭角色：爸爸、妈妈都在外企工作，比较忙；欢欢更多的时间由爷爷、奶奶陪伴。

调查方式：用户观察、用户访谈。

信息一：爱玩游戏，爱看奥特曼。但爷爷担心玩游戏会让欢欢沉迷其中，所以控制欢欢玩游戏和看电视的时间。

信息二：欢欢很喜欢和同性的小伙伴一起玩，小区花园里的一切都是他和小伙伴的游戏对象。据欢欢的爷爷介绍，即使每天都去花园，他们却每次都能发掘新鲜的事物，树上的毛毛虫、地面上的蜗牛、甲虫、泥土里的蚯蚓、水池里的金鱼，甚至是小蚂蚁都是他们观察、游戏的目标（图 4-3）。

图 4-3　观察自然

欢欢的个性特征及所处的生活环境应该与目前城市里大多数同龄孩子相近，欢欢一定程度上能够代表这一人群。

通过对欢欢的用户调查，我提炼了他的特征信息如下。

① 喜欢动手参与某些事情；喜欢各种游戏，进行不同挑战，渴望获得独立完成的成就感。

② 热爱自然，喜欢观察，会去观察雨后的蜗牛、蚯蚓、甲虫（图 4-4）。

图 4-4　观察对象

③ 对一切新鲜事物充满好奇，具备一定的求知欲。

关键词：观察，好奇，自然。

4.3.3　有关“提线木偶”

新的创意生成需要建立在对不同研究资料搜集分析的基础上，通过对竞争产品、产品结构以及技术因素等资料进行理性的分析，形成的设计创意才更加有实际价值。因此，对与游戏同原理的产品进行深入调研必不可少。

1. 同类产品的研究

朱：除了前期的游戏资料和用户调查里的信息，还需要对市场上与 Teeter 同类游戏规则的实物产品进行搜集，并对其研究分析，从现有的市场状况挖掘出市场缝隙。搜集的产品如图 4-5 所示。

（a）平面类　　（b）立体类

图 4-5　市场同类产品搜集

（1）头大（品牌）木制迷宫游戏。将钢珠移到起点线，通过手柄将游戏盘前后左右移动，使钢珠顺着路线图向前滑行，钢珠掉入陷阱就要重新开始，完成整个路线，最终到达目的地，算是成功。

（2）HAPE（品牌）磁性运笔迷宫。

① 让小朋友用磁笔把红色的小珠吸到红色的洞里。

② 两个玩家可以先把 20 个小珠都归位到大本营（黄色洞）里，然后一方为红队（拿红色磁笔），一方为绿队（拿绿色磁笔），比一下看谁先把各自颜色的珠子运到自己的“家”。

注：红色到红色洞中，绿色到绿色洞中。

③ 反之比一比看谁先让自己的小珠运到大本营（黄色洞）。

④ 可以让小朋友数数字。

（3）FIRST CLASSROOM（品牌）魔方版儿童迷宫游戏。这是一个立体迷宫，立体六面旋转的设计颠覆了平面迷宫单一乏味的传统，让游戏更有挑战性、趣味性；很好地锻炼了玩家的思维能力、平衡及反应能力。

在后期的市场调查中发现，其实Teeter的游戏原理已经被运用于益智玩具中，只是转化成产品的方式上各有差异。很多产品在形态和结构上都有新的突破。这对于我接下来的工作似乎增加了一些难度，下一步我决定从结构与形态风格上进一步对它们进行归类总结。

师：在以往的设计课题中，很多同学都会遇到朱其威同学这样的情况，即在新的设计发现之后，会在调研过程中发现市场上已经有同类产品，这是设计问题上的“撞车”现象，但只要调研过程能够深入分析下去，一定能找到市场空白之处。哪怕是对设计造型或产品结构进行局部改良，也不能因此就中断了对主题的研究。

2. 产品结构与形态分析

朱：从同类产品的结构看来，市场上的这类产品结构主要有以下两种，如图4-6所示。

图4-6　不同产品结构分析

（1）与Teeter游戏相关的可控性平衡结构，如手持晃动式、遥控式、不倒翁式等。

（2）借助磁贴的吸附原理。

相比之下，第一种产品结构的游戏挑战性更高，需要儿童高度的专注力和耐力。针对这点跟老师交流沟通后，决定从结构入手，以寻求新的突破。

在产品形态方面，我发现很多产品都运用了卡通元素，但是形式与内容之间的关联性很小，甚至是脱节的，因此想在下面的形态上提醒自己有所注意。

3. 创意思维形成

朱：方案进行到这里，我对该主题的初步设想是运用动漫卡通将Teeter游戏物化，感觉这样会更符合该年龄段儿童的喜好。但在老师讲完形象思维的方法后，我的思路又有了新的改变，动漫卡通固然适合孩子们的爱好，但是很多形象造型在儿童的心目中已根深蒂固，如果直接照搬，产品的功能会不会反而被弱化？因此，我打算尝试其他的方法。

我从前期的设计调查中抽取了用户分析的资料，发现3～6岁儿童对自然、动物、植物有着浓厚的兴趣（图4-7），如有些资料里会形容孩子“对雨后的蚯蚓、蜗牛充满着好奇”，我觉得这显示的是儿童的心理需求。如果用仿生手法将这些小动物的形象纳入产品之中，会不会对他们造成一定的吸引力呢？

经过和同学们的深入讨论，在结构上最终运用了原理移植的创意方法，将提线木偶的原理运用其中，一方面，可以跟市场上的同类产品形成结构上的差异，产生不一样的视觉效果；另一方面，提线木偶的玩法是提线者通过提线来控制玩偶的大肢动作，可玩性较强。可以充分利用这一元素，但产品中提线的不是木偶，而是滚珠（图 4-8）。通过提线控制小滚珠的走向，完成游戏任务。

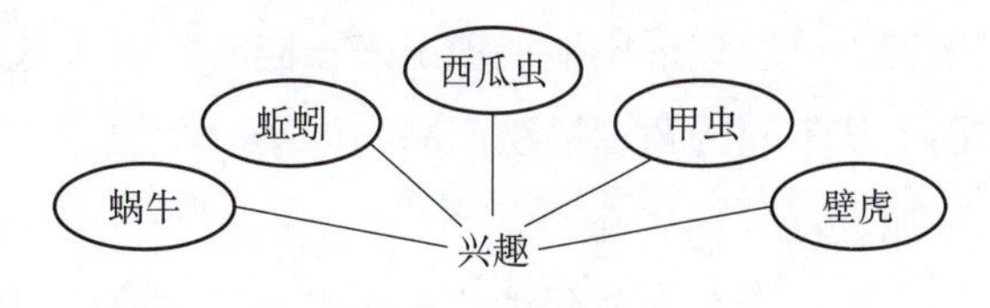

图 4-7　儿童兴趣分析

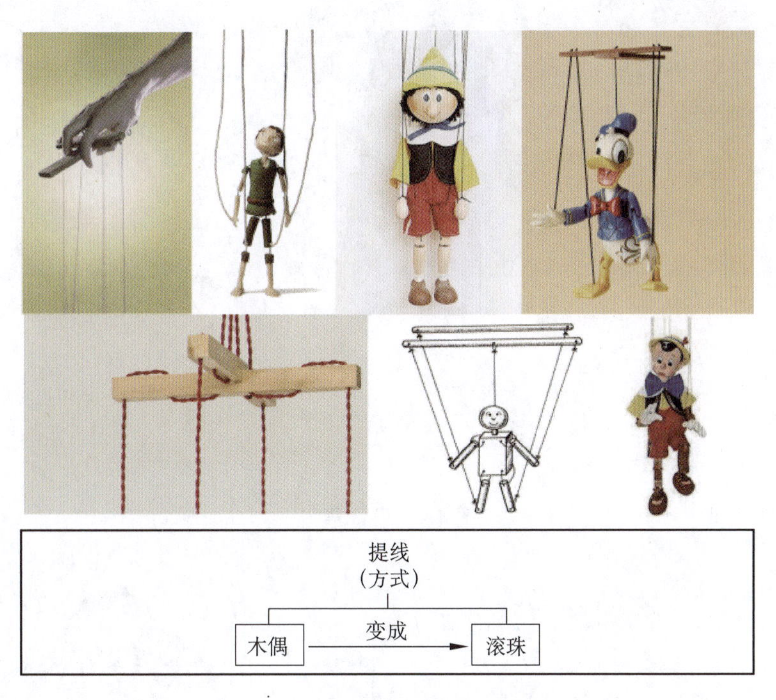

图 4-8　由提线木偶引发的设计思考

师：大多数同学都会像朱其威一样，提到儿童产品形态的时候就会想到两大类：一类是动漫作品里的卡通形象，另一类则是根据自然界小动物形象进行原创性提炼概括的造型。应该说这两类产品形态都符合 3～6 岁儿童的兴趣特点。但产品形态不是任意构想、随意套用的，它是由产品功能和使用方式决定的。因此，在考虑形态时，必然要针对性考虑，用一定的研究方法将功能、使用方式等因素联系起来。

4.3.4　概念生成

1. 设计草图

草图是指设计思维的图形表现。在整个设计过程中，草案分析非常必要，它能帮助学生把构思思路形象地展现出来；同时，对于梳理思路也有很好的帮助。这里要求学生在纸面上从不同的角度描绘产品，即平时所说的三视图，以及产品的细节图，这样便于更加直观地进行后期交流。

朱：在草案创作过程中我牢牢遵循轨迹游戏的规则，进行创作发挥；同时，在造型方面，我寻找点状的自然形态，尝试将游戏中的孔洞元素与点元素联系起来；最终，我把这种关联关系定位在甲虫背部的花纹上，如图 4-9 和图 4-10 所示。

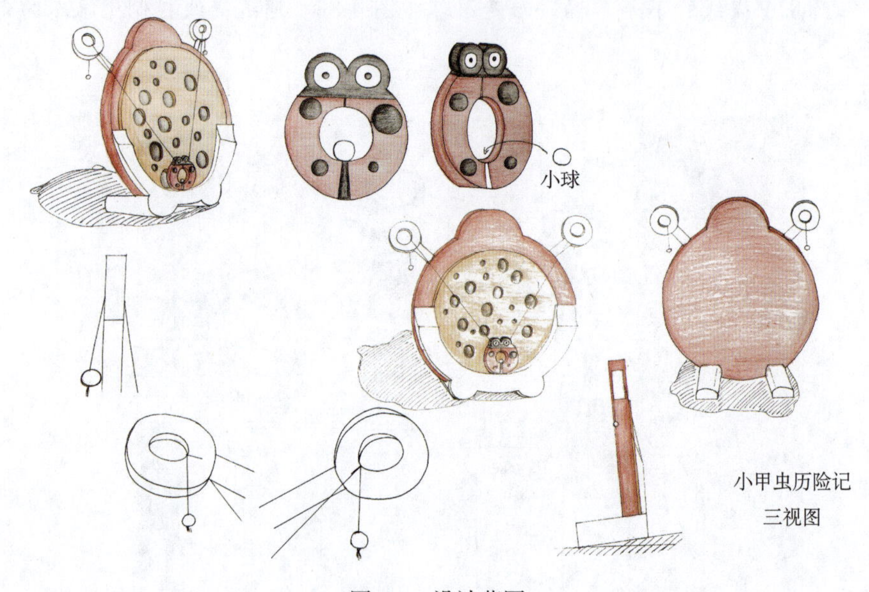

图 4-9　设计草图

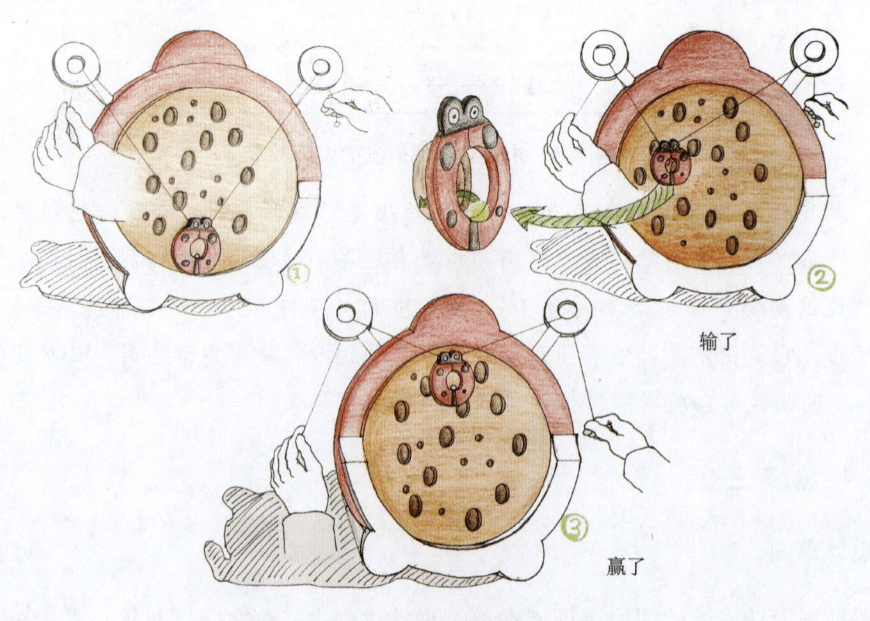

图 4-10　游戏规则设想

游戏方法：迷宫的两边各有一根挂着小珠子的线，让儿童左手和右手各拉一根线，通过移动两边的线，让迷宫中的甲虫驮着小球往上爬，迷宫中有很多陷阱，要小心不能让小球掉进陷阱里。该游戏可以锻炼孩子手的灵活性和手与大脑之间的协调能力，可以锻炼孩子的专注力和精神集中力，让孩子在不断的失败中学会耐心和享受游戏成功后带给他的成就感。

2. 设计优化

师：在构思的过程中，学生对课题设计想法已逐渐形成。接下来，就需要引导他们对设计方案作进一步的发展优化。构造、生产技术、材料等因素都是这个环节需要充分考虑的内容。

益智玩具，尤其是木制类益智玩具，在结构和技术方面面临的问题相对简单。因此，在这里更多地提倡学生用草模的方式进行实际检验。这样至少在结构上能够有直观的感受。

设计优化可分为两个阶段：首先需要用计算机以三维建模的方式建出虚拟模型，三维建模的最大好处是准确计算出模型的尺寸、比例，通过计算机展现出最清晰的视觉效果；其次是依据三维效果图运用简单易操作的材料（如纸材、石膏等）制作出近似比例的模型。在制作过程中，逐步改进和完善前期方案中潜在的问题。

（1）三维效果图如图 4-11 所示。

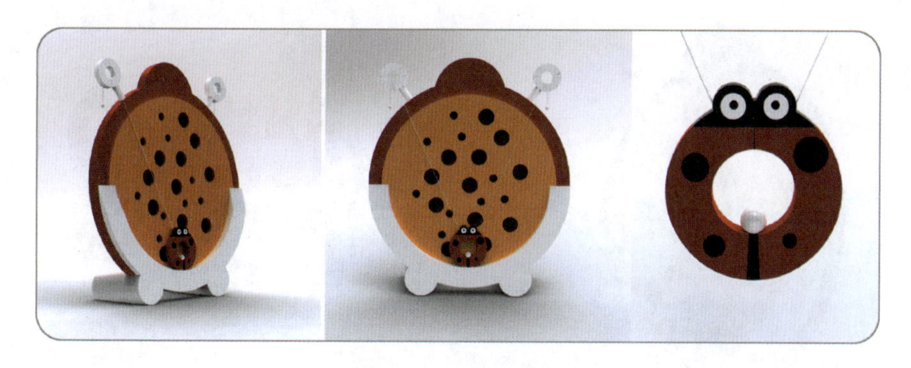

图 4-11　设计效果图

朱：我的小甲虫作品在用草模检验时需要进行两方面的工作：一是检测小球能否顺利在圆形模块中滚动；二是检验面板的孔洞大小是否符合儿童产品的安全标准，以防止儿童在使用时手指被卡到。美国于 1995 年制定的《儿童安全保护法》规定：所有小于 1.75 英寸，或 44.45 毫米的球类，如弹珠、滚球等，由于容易误食导致窒息，因此禁止 3 岁以下儿童使用。

（2）模型制作如图 4-12 所示。

图 4-12　模型制作

3. 最终版面

如图 4-13 所示。

“小甲虫历险记”

迷宫的两边各有一根挂着小珠子的线，让儿童左手和右手各拉一根线，通过移动两边的线，让迷宫中的小甲虫驮着小球往上爬，迷宫中有很多陷阱，要小心不能让小球掉进陷阱里。该游戏可以锻炼孩子手的灵活性和手脑间的协调能力，并可以锻炼孩子的专注力和精神集中力，让孩子在不断的失败中学会耐心和享受游戏成功后带给他的成就感。

小甲虫

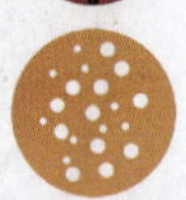

迷宫

小甲虫耳朵

三视图：

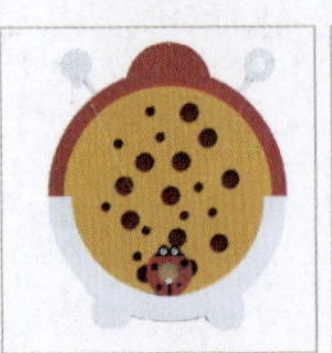

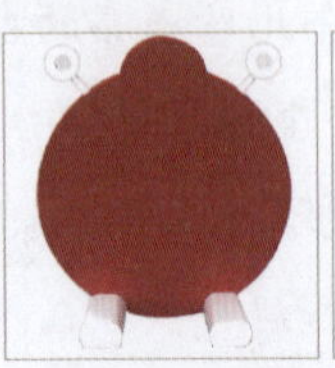

图 4-13　“小甲虫历险记”最终效果

朱：经过一个月的周折，从市场调研、分析研究、寻找切入点、造型分析到模型制作，终于将自己的第一次设计作品展现出来。以前觉得做产品设计更多的是侧重外观，不承想整个流程牵涉的知识面还挺多的。不过总的来说，看到自己的小甲虫从概念变成了可以感知、游戏的实物，是很开心的一件事。

4.4 多功能儿童管道玩具设计

学生：周文（以下简称周）。

4.4.1 “大象灌溉员”

周：在游戏寻找环节，我觉得大象灌溉员的游戏和主题有一定的关联性，想选择此游戏作为设计转化的内容。这款游戏是我在“360 游戏中心”经常玩的，这个游戏又被叫做“大象驳水管”，如图 4-14 所示。

图 4-14 网络管道游戏

游戏的规则很简单，以“田要干了，玉米要枯死了，小动物要渴晕了，快快帮大象接好水管输水”为主要任务，游戏通过不同的关卡任务，要求游戏者帮助大象接好管道，来浇灌植物，给动物喝水。

我觉得游戏中管道里的水流会形成流动的轨迹，而透明的管道是支撑“轨迹”的实际载体，因此，我想提取这个游戏里的“管道”作为设计研究的突破口。

关键性信息：管道。

师：周文选择这个游戏很明显是选择了有形可见的轨迹，管道有什么样的外形，内部物体就会按什么样的轨迹运动，如水管道、气管道、油管道等，在生活中随处可见。而在儿童产品中，管道玩具也比比皆是，想要突破现有产品还是有一定的难度的。要看周文在下面的研究分析中能否获得一些有价值的信息。

4.4.2 儿童的“游戏世界”

周：用户分析方面，我主要通过文献资料来获取儿童的特征信息，这类的资料在教育文献里比较多，资料中分别对3～6岁儿童的生理特征、心理特征以及行为特征进行了介绍，从这里我对这些特征进行了有效提炼。

爱探索、爱想象、爱玩、好奇是3～6岁儿童的主要特点，这一年龄段儿童正处在人生的快速发展时期，低龄阶段的大肢体练习已经不能满足他们自身的发展需求，随着逻辑思维能力的提升和精细动作的发展完善，他们更喜欢各种有规则、可操作的游戏或玩具。类似于乐高拼插玩具、水管积木等这样的组装类想象力玩具普遍受到孩子们的青睐。再者，富有想象力和创造力的户外游戏，如玩水、玩沙、玩泥巴等也往往令他们乐此不疲，见图4-15。

关键词：探索，想象，动手。

图4-15 用户分析

4.4.3 空间转换

周：根据上一节课提取的有效关键词——管道，我对市场上的管道玩具进行了具体、详细的搜集整理（图4-16），从形态、结构、使用方式上进行对比分析，希望从中找出管道类玩具产品的市场空白。

图 4-16　市场竞争产品分析

1. 调查信息

（1）乐婴坊管道积木玩具

乐婴坊管道积木玩具，继承了积木玩具的设计理念与优点，它的目标人群应该是 6 岁左右的儿童。乐婴坊管道积木玩具的基础配件由两通管道、三通管道、四通管道和弯管道组成。基础配件只有 4 件，但组合是丰富多彩的，充分发挥想象力，就可拼接出不同形态。但由于材质的限制，它的玩法主要是由形态拼接变形。

（2）塑料管道拼装轨道积木组合玩具

这一款管道积木益智玩具的主体并不只是管道。其轨道空间积木可以随意拼搭，组成更为复杂的空间场景，可以让珠子在里面滚动穿梭，吸引小朋友。

（3）Little tikes 美国小泰克惯性玩具环形跑道回力汽车大冒险飞行跑道

这是小泰克的一款汽车跑道的玩具产品，螺旋式的轨道提高了小车下滑的速度，有很强的游戏性，但是相比上两类轨道玩具，该款产品的轨道是固定的，随意组装性较弱。

2. 设计分析

通过市场信息的搜集，我发现市面上管道或拼装玩具主要以培养儿童的逻辑思维能力、空间想象力为主，产品的造型、结构及游戏方式较为类似，功能上突破较小。

（1）结构上，一般的管道积木玩具主要由不同造型的两通管、三通管、四通管所组成，儿童可以根据自己的想象拼接成不同的造型；还有一种滚珠类轨道玩具在功能上稍微有所突破，其结构相对复杂，拼接起来有些难度，是由连接管和不同形状的轨道组成的。将传统的轨道玩具和管道玩具进行组合，搭配滚珠类配件，可通过对滚珠不同路径的预想来拼接成不同的空间迷宫，有很强的游戏性。产品的结构分析如图 4-17 所示。

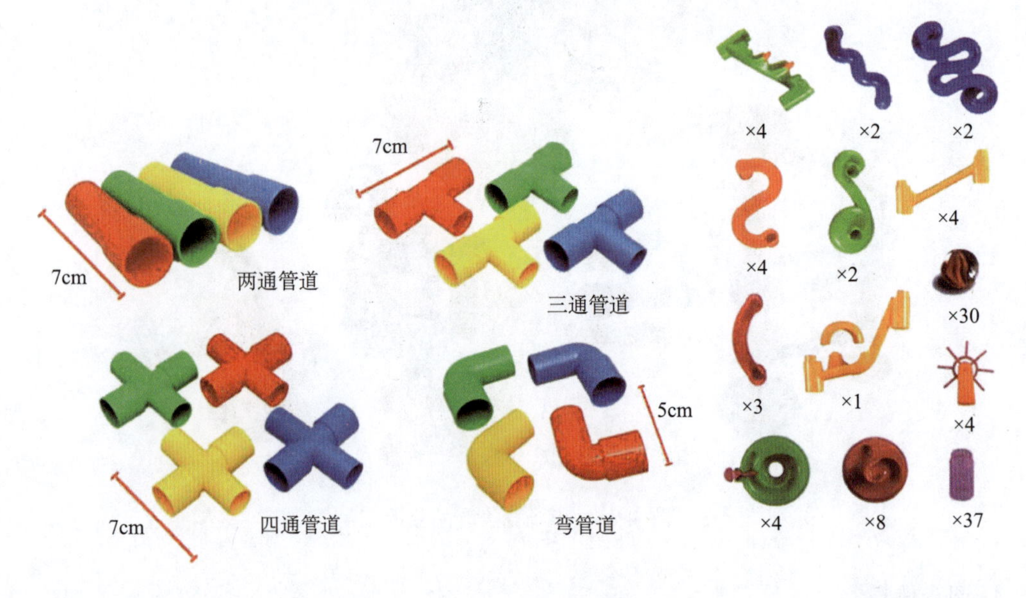

图 4-17　结构分析

（2）一般性管道玩具、塑料管道拼装、轨道积木组合玩具等产品对环境的要求不高，室内平整的桌面就可以玩，这类产品最主要的环境定位就是室内，如儿童房间、幼儿园、早教机构；玩具按产品不同的规格，可以放在桌面以及地毯上供单人玩或多人玩；使用完多被收纳整理放置在玩具盒中。

结合之前用户分析的资料信息，我发现 3～6 岁的儿童游戏的空间并不局限于室内，这个年龄段的孩子更喜欢户外的活动，喜欢玩水、玩沙、玩泥巴。

我认为，在管道玩具中，由于管道固有形式的局限，其结构能有明显突破的可能性较小，但如果把它们的游戏空间向多元化拓展，应该变得更加好玩。环境分析如图 4-18 所示。

图 4-18　产品使用环境拓展

师：周文通过对同类竞争产品资料的搜集，从产品结构和产品使用环境的角度分析其可能发展的空间。他吸取了现有产品的结构方式，同时通过对前期用户特征信息的过滤，正确梳理了人—环境—产品之间的关系，最终将设计缝隙定位在产品不同的使用空间上，是一个不错的思维突破。

4.4.4　游戏功能整合

构思是概念形成的最初阶段，需要从形态、结构、使用方式等多角度综合考虑。在平衡各种关系的前提下，逐步形成成熟的构思方案。

周：为了主题的深入研究，我去五金店买了一根水管，当我拿在手里揣摩的时候，突然意识到管道里就是个狭小的虚空间，它一般被我们灌水时使用，但是否能灌上其他物质呢，如果灌上不同的物质又会是怎样呢？我觉得这是一个很好的出发点，于是我带着问题和老师、同学进行了深度讨论。根据讨论结果得出初步设想，如图 4-19 所示。

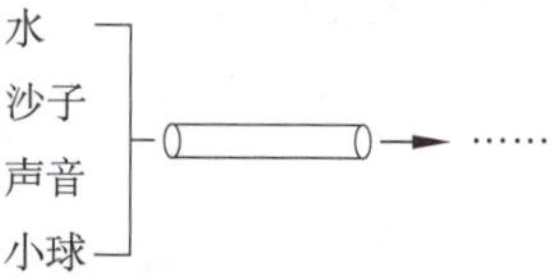

水
沙子
声音
小球
→ ……

图 4-19　初步设想

我感觉产品的功能以及使用范围可以继续扩大（图 4-20）。

图 4-20　对不同游戏方式的深入分析

（1）沙子和水，让我想到它可以作为沙滩玩具，在海边或沙地里使用。

（2）声音，让我想到了小时候玩的“自制电话”。

（3）小球，让我联想到它在管道内快速滚动的场景。

这样的设想，一方面可以使产品的功能变得更加丰富，另一方面通过寓教于乐的方式，增强儿童对不同物质、不同现象的认知，具有科普价值。

师：周文在构思阶段中的设想其实在儿童平时的行为中都有出现，但很多时候都是不经意间的行为。思维发散的优势就体现在这里，可以借助不同参与者的生活经验对方案进行优化、整合，从而产生新的产品。不难想象，当周文把这些不经意的行为方式串在同一个产品中的时候，产品将难免会反馈出陌生而又熟悉的视觉效果。

4.4.5 概念生成

1. 思路梳理

周：在对游戏整合的过程中，我发现拼插的结构方式有着较为明显的适龄性，更符合3～6岁儿童的行为特征，因此对此有所保留；主要在对声音传播的入口、进水口等细节进行了仔细设想，这些细节是能够明显区别于其他产品、体现产品特点的地方，如图4-21和图4-22所示。

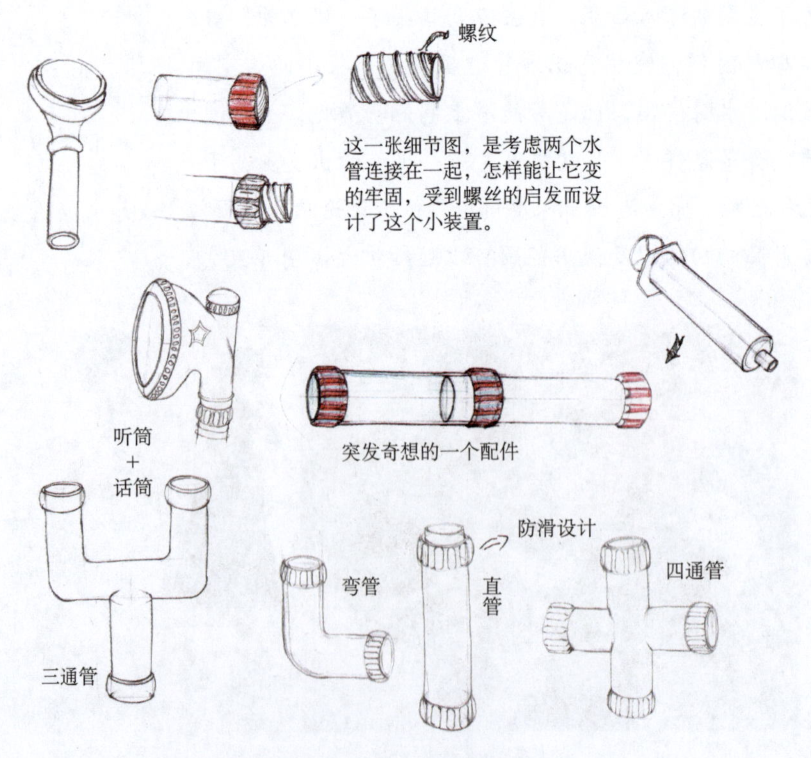

图4-21　产品组件分析草图

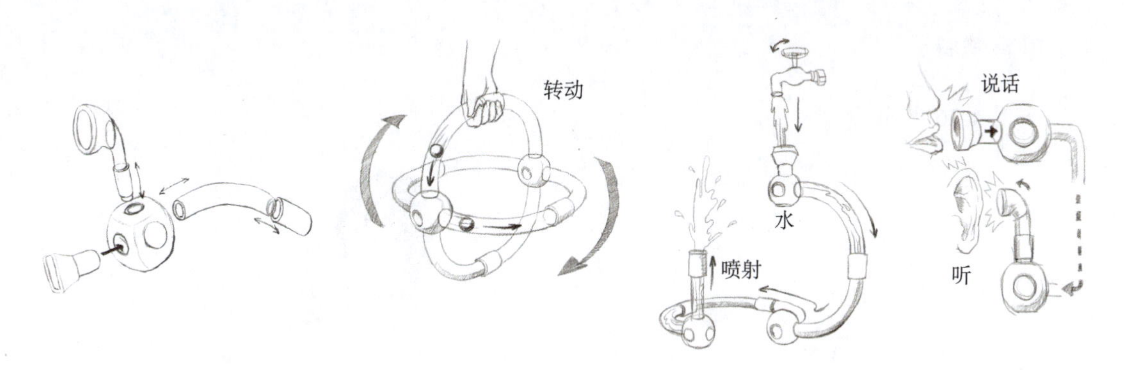

图 4-22　产品使用方式分析草图

2. 设计优化

周：在优化过程中，我主要对连接件的形态结构进行了分析，如果用市面上常用的两通管、三通管，无疑会增加很多附件，而且形态太常见，这里我选择了球体（图 4-23 和图 4-24）作为管道的连接，这样不但可以保证附件通用，同时满足儿童不同角度的使用。

图 4-23　球体连接件

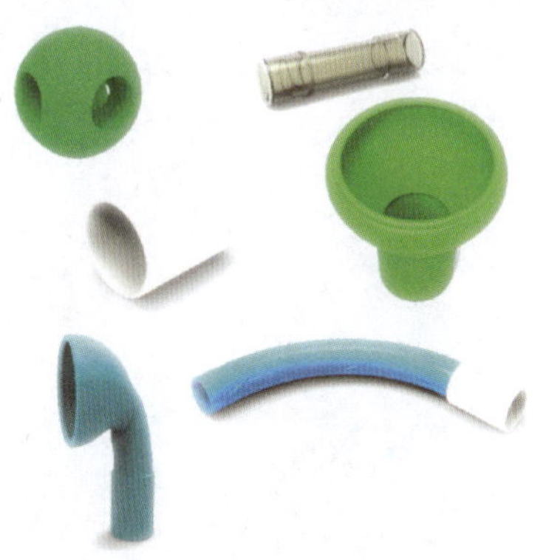

图 4-24　产品的各种配件

管道内流动的物质在使用的过程中需要搭配不同的配件，每组配件都用很形象的设计语言去诠释，如图 4-25 所示，在“水”管模式中注水口采用了漏斗的造型；在“音”传播模式中，采用了听筒的造型，特征明显，易于识别。

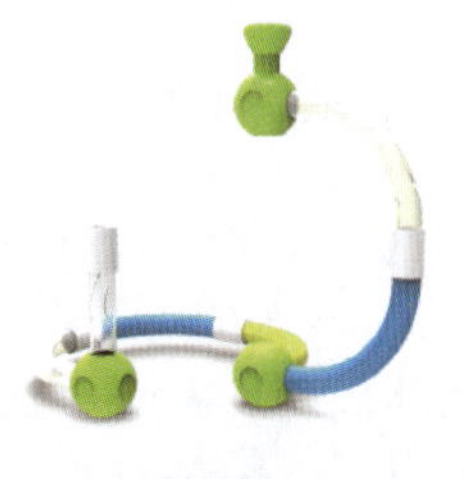

“水”管模式

“小球”滚动模式

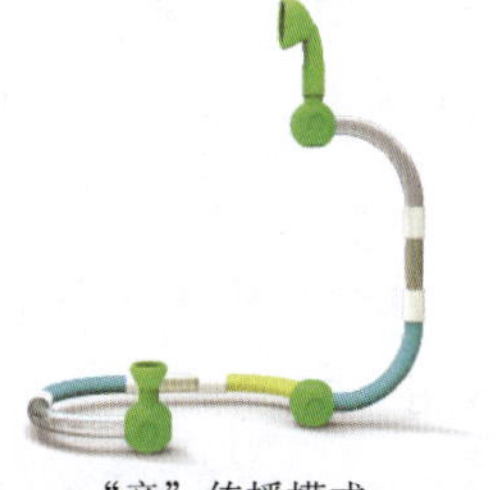

“音”传播模式

图 4-25　不同的游戏模式分析

3. 最终展示

如图 4-26 所示。

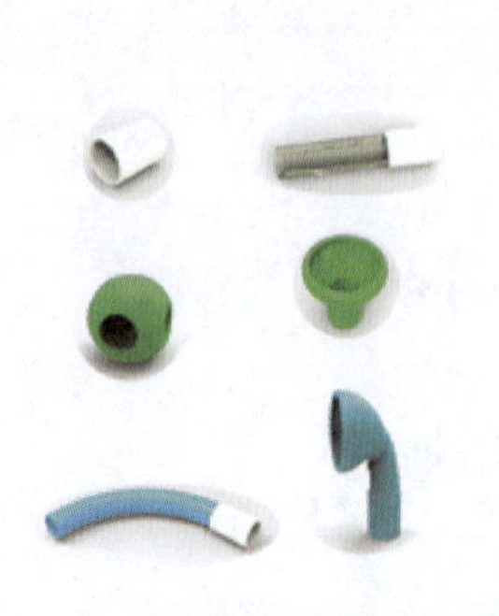

设计说明：

这是一款组装类的管道玩具产品。产品中的不同配件可以充分调动儿童的想象力，组装出不同的造型，同时“对讲”、“漏斗”等特殊组件，可以引导儿童观察与认识“声音”、“水流”、“滚珠”等不同事物传播或运动的方式，在寓教于乐的游戏中提高孩子们认知、想象、观察等能力。

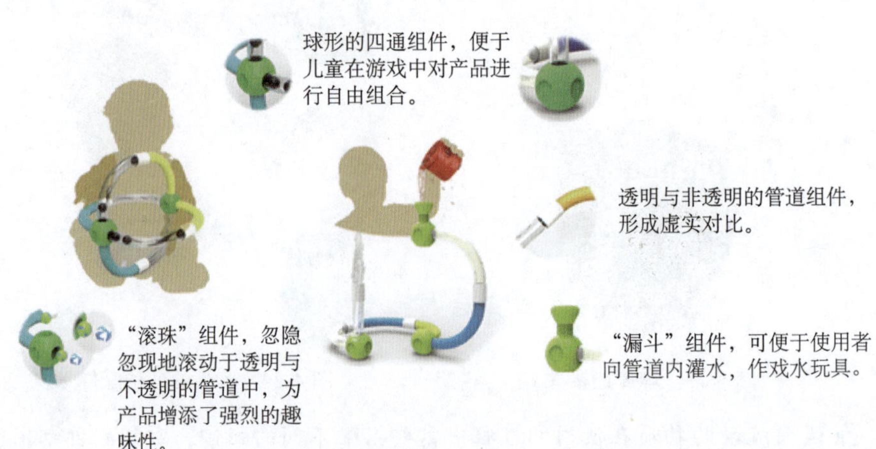

图 4-26　多功能管道益智玩具

周：我开始接触这门课程的时候有些抵触，觉得成人的日用产品更适合我们，但老师把游戏带入到这个课题后，我觉得课程有点意思，跟开始想的不大一样，尤其做到课题最后，惊讶地发现原来游戏也可以用不同的方式转化成实物，而且感觉做成实物操作性更强，更加好玩。

“轨迹”主题的其他作品，如图 4-27 所示。

师：如图 4-27 所示，这是一款根据“轨道大作战”的手机游戏发展而来的益智玩具，产品主要由若干个不同图形的正方形体块组成，体块侧面内嵌磁块，儿童可以根据自己的需要，发挥想象，自由拼接火车轨道；同时，产品还备有配套的交通附件，可以让小朋友们模拟真实交通场景。产品不仅能培养孩子们的想象能力、动手能力，还锻炼了空间思维的能力。

图 4-27　神奇的“轨道”

师：对于设计初学者而言，直接做新产品的开发并不是一件简单的事，他们往往只看到市场上现有产品的表象，看不到产品背后实质性的内容。因此，课程在一开始就绕开同类产品的市场调研，通过“找游戏”的教学活动，从游戏原理出发，一步步引导学生找出设计答案。通过理性的分析与感性的思维扩散，让学生慢慢领悟儿童产品开发设计的流程与方法。

儿童产品设计主题教学研究——设计主题“最爱”

5.1.1 课题背景

赫勒・赫克曼在《慢教育》中曾说过：“童年时期是不可忽视的，是不能让他仓促度过的，更不能把他推迟到某个周末，或者下一个我们觉得时间充裕的假期；童年更是短暂的，我们只有非常有限的时间能和我们的孩子们在一起。”这段话道出了亲子关系的重要性，同时也提醒为人父母的成人放慢脚步，多陪伴孩子，了解他们需要什么、想什么、喜欢什么，多关注他们的身心发展。本次课题用“最爱”这个词作为课程的主题词，正是想引导学生通过聆听与观察，了解儿童的内心世界；从设计关怀的角度出发，设计出能够满足儿童不同内心需求的产品。

5.1.2 项目设定

案例：儿童家具设计。

课时：5 周共 80 课时。

使用对象：3~8 岁儿童。

设计要求：本次主题是儿童家具设计，其范围包括生活家具、幼儿园（或早教中心）家具等，需要研究者围绕主题词，尝试从儿童不同的心理需求及行为特征出发，开发新的产品形态与功能。材料不限。

5.1.3　教学设置

1. 教学目标

本课程以培养学生创新设计能力为目标。以“最爱”为主题结合项目教学的方式，引导学生从不同的生活视角挖掘儿童的心理需求；运用创意思维的方法，从设计关爱的层面开发新的儿童家具产品；旨在通过与设计实践相结合的课程研究，培养学生的创新意识，提高创新实践的能力。

2. 教学重点

（1）儿童心理认知、行为特征研究。

（2）儿童产品设计方法。

（3）培养学生研究分析的能力。

3. 教学难点

（1）儿童心理需求的深层次挖掘。

（2）儿童产品设计创新思维拓展。

4. 教学内容

（1）用户背景资料搜集

目的：背景资料的搜集建立在对主题理解的基础上，一方面可以使研究者更加了解主题及用户人群；另一方面，背景资料的信息搜集有助于研究者快速破题，尽快进入主题阶段。

① 从绘本、书籍等资料中或观察儿童的言行举止寻找与主题“最爱”相关的信息。

② 对信息进行分类整理，提炼出关键性的研究信息。

（2）设计调查研究

围绕“最爱”主题对市场竞争产品、用户特征、产品结构与风格以及产品使用环境等信息进行深入了解，并从中提取重要的信息制定设计纲要，为方案构思做好准备工作。

（3）方案构思

前期是研究者对主题理性研究分析的过程，但艺术设计离不开感性的创意思维，在本阶段主要是通过小组讨论的形式，进行创意思维的发散，建立起初步的设计概念。

（4）设计优化

这是将设计概念逐渐优化、完善的过程，要求研究者将上一步骤主题“最爱”的设计构思结合设计调查中总结的客观因素进行有效综合，形成最理想的设计结果。

5.2 教学启发

5.2.1 主题理解

“最爱”是一个心理层面的词，每个孩子都有自己心中的“最爱”，或事或物或人；他们往往会把自己喜欢的事物用“最爱”这个词进行强调表述，如孩子们挂在嘴边的话：“我最爱妈妈了！”、“我最爱芭比了！”、“我最爱吃甜甜圈！”，家长们一般都会透过这些表象的词汇、语句去判断儿童的内心需求，来给予相应的回应。可以说，每一则“最爱”的内容都是孩子内心世界的真实反映。

当然对于儿童内心世界的认识，只通过言语的关注与交流是不够的，很多时候儿童是无法用成人的逻辑思维来强调自己为什么喜欢某些事（物）的，他们是天生的行动派，遇到自己喜欢的事（物），会直接用行动去强调自己的意愿。这时候就需要通过观察去判断他们的内心想法。

可见，要想理解主题“最爱”，理解儿童内心世界，不能单方面地去调查研究，需要通过不同的方式去关注他们的内心，挖掘出有价值的研究内容。

5.2.2 主题启发

这里主要列出两种途径。

第一种途径是关注指定儿童的语言与行为，可以是指定的儿童，也可以回忆儿时的自己。

回忆儿时的事或物——每个人都有童年回忆，自身的感受一定是最深刻的，因此，在这里要求学生整理儿时的记忆碎片，并做记录。尝试理解个体的行为特征和心理变化。例如，“你小时候最喜欢什么？”、“一个人的时候一般会做什么？”、“什么事情对你而言印象最深？”

通过对趣闻趣事表象的回忆，深入分析儿时特定年龄段的心理需求及特点。这是一种针对个体的研究方式。

第二种途径则是把目光转向群体。群体研究的方式有很多种，如采用文献或绘本研究对儿童的性格特征进行深入了解就是一种很好的方式。一般绘本中的儿童形象是作家通过一定的生活积累塑造出的人物形象，代表了某一特定年龄阶段的儿童特点，具有典型性，对绘本人物的研究分析对于主题设计的深入有很大的帮助。

在进行设计之前，需要寻找作为背景研究的儿童读物，要求找到的读物中必须有明确的儿童形象，且能够代表某一特定的年龄阶段。

在课题研究过程中，有两组学生对主题“最爱”进行的研究分析很有意思。他们在围绕“最爱”进行调研分析的过程中，发现 3~8 岁这一年龄段的儿童都喜欢“藏”，但藏的内容和方式不一样，一组是将自己最爱的宝贝藏起来，将宝贝藏在自己的专属空间中；而另一组则是最喜爱把自己藏起来，如捉迷藏，希望通过这样的游戏方式，来赢得家长和小伙伴的关注。这两点对主题而言都是很好的挖掘内容。儿童的心理认知、行为方式本身就跟成人有所区别，在不能改变他们这些特征的前提下，更好的方式是尊重与顺应。

朱亮在《设计关怀》一文中曾阐述：“人从出生那一天起，每个年龄段都会有特殊的群体习惯，婴儿时期的动作不协调、幼稚好奇；青年时期的逆反以及荷尔蒙分泌过剩；中老年人的健忘；人的疏忽及过失等。我们不能把这些称为不好的习惯，这些本身便是生命在特定时期的群体特征。因此，这些‘习惯’也应该被纳入设计规范中，顺应这些习惯的设计就是‘善意’的设计。”

可见，顺应是对弱势群体（老幼病残孕）以及具有特殊个人习惯的小众群体的理解与关怀，是指顺应他们特殊的生理和心理需求；基于细腻的关注与体贴，通过具体的设计为他们提供更适合生活使用的产品。

下述两组案例正是从顺应关怀的角度对主题进行了详细的阐释。

注：本章节楷体字代表教师与学生所述内容。

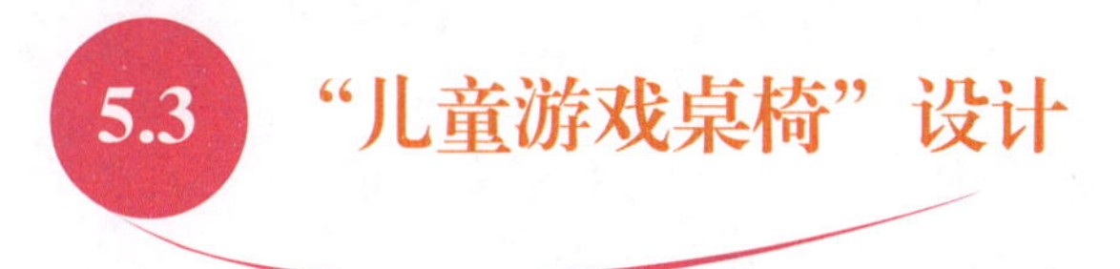

5.3 “儿童游戏桌椅”设计

5.3.1 米球球的“最爱”

学生：林享、荣潇。

对于背景资料的搜集与分析，一方面可以通过图书、网络等信息渠道对相关数据、资料进行直接性的搜集获取；另一方面，通过对具体的查阅资料的表象内容进行深入分析获取内涵型信息，如上述在教学启发里提到的绘本阅读。

1. 从绘本中寻找有效信息

林享、荣潇：在背景资料的查阅中，我们找到了一本读物《米球球的大本营》（郑春华著——她是一位专门编写儿童读物的作家，对儿童有着细腻的生活观察）。在随意翻阅了这本故事书后，觉得主人公米球球是一个非常有特点的小孩，顿时有了想对小主人公深入了解的欲望，希望能通过对他的了解进一步分析类似背景的儿童的特点。

故事段落展现

主角：米球球，今年6岁，有好多鬼点子。

“米球球要是一喜欢上哪个人，就会像抓贼似的硬是把你拖到他的小阁楼上，给你看各种各样的宝贝：碎玻璃、电线头、吸铁石、贝壳、塑料盒、瓦片以及你从来没有看过的许多别的东西，看得你眼睛发亮不想走，要走最好能带走几样。因为这些东西你也很喜欢，可你的爸爸妈妈却偏不让你拿回家。”（见图5-1）

图5-1　米球球的“最爱”

2. 用户分析

林享、荣潇：上述资料案例中米球球的形象具有一定的典型性，他代表了6岁这一年龄段一定范围内儿童人群的性格特征。

6岁的儿童敏感、好奇、自我意识增强、有一定的独立性。6岁的米球球具备了这一年龄段儿童的诸多特质，贪玩，调皮，爱藏宝贝，也爱分享宝贝，需要属于自己的空间，等等。这个年龄段的孩子还有一点叛逆情绪，如果对他们强行要求，也许会产生反面效果；米球球的父母尽可能地尊重米球球的想法。屋内设置阁楼，在本质上就是米球球的爸爸、妈妈对米球球成长过程顺应关怀的表现。

儿童特征关键词：好奇，秘密，爱私藏。

在调研中我们还发现，大多数3～8岁的孩子喜爱画画、做手工、捏橡皮泥、玩桌面玩具，在他们经常使用的家具里，对于年龄在3～8岁的孩子来说，诸如桌椅类的儿童家具，其作用绝不仅限于基本的使用功能，它们更像是一个个“秘密”，能不同程度地满足他们的学习、娱乐和收藏等基本要求。

5.3.2 “爱藏”宝贝的家具

林享、荣潇：其实，生活中每位孩子都希望有自己的私属空间，不论大小、精致与否，只要家长认可，都可以视为私藏宝贝的地方，至少我们在童年时也有类似米球球的想法。因此，我们很想知道目前市场上兼具私藏空间的儿童家具是否存在，我们选择了同城的商业综合体与部分网络店铺对“藏宝”类的儿童家具进行了搜集研究。

1. 可调节高度的儿童游戏桌

这类产品主要从人体工学的角度出发，考虑到不同年龄段儿童身高的发展变化，采用特定的木质结构对桌椅面进行不同高度设置，儿童可以根据自身使用产品的舒适度对桌椅进行简单的高度调节，但这类产品对于儿童收藏习惯没有太多考虑。

2. 木制儿童收纳游戏桌

由于儿童存在明显的收藏特征，游戏收纳桌越来越多地出现在儿童产品中，如图 5-2 所示的桌子，它的一侧可放滚筒的画纸，供小朋友尽情描绘书写。桌子把抽屉夸张放大，变成了大号的收纳箱，并用隔板将抽屉分开，可分类收纳，抽屉下方装有滑轮，使用起来非常方便。适合 3 岁以上儿童使用。

图 5-2　同类产品分析

3. 翻盖游戏桌

翻盖游戏桌跟过去的木制课桌非常相似，设计者根据实际需要对桌子进行了收纳空间的分割，塞进大空间的收纳盒内。同时，桌、椅的 4 只脚可以拆卸，携带方便，适合 10 岁以下儿童使用。

接下来，我们在老师的建议下用二维定位图对搜集的竞争产品进行了比较分析，如图 5-3 所示，选取了 4 个极端的例子置于 4 个角落（功能组合 / 趣味性、趣味性 / 单一、单一 / 实用、实用 / 功能组合），然后再把用于比较的产品一一置入二维定位图的相应位置上。通过这样的比较分析，我们发现市场上儿童家具产品的发展趋势与我们这次研究的内容有相似之处，越来越多的消费者对迎合儿童行为习惯和心理认知的产品比较认同，而且部分产品也验证了儿童爱私藏的阶段性特点。

图 5-3　定位分析

师：在设计实践中，搜集客户的数据、竞争对手的产品是一项重要的研究内容。根据各方面的评判标准（工程、人体工程学、市场成功度等）对搜集的数据进行评估可以清楚地看出现有产品的优势和劣势，确保研究过程能针对性地开展。

主要研究的内容为：市场竞争对象有哪些；分析市场趋势来定位设计的产品；在前期的调查研究中挖掘用户的隐性需求。

学生借助各种渠道搜集市面上与同类产品相关的信息，并通过对比的方式对现有产品进行归类。这样的搜集方式主要让他们熟悉行业动向以及流行趋势，从中搜集与项目相关的信息，为逐步建立自己的设计理念打好研究基础，以便尽快找到设计切入点。

5.3.3　拼插的乐趣

林享、荣潇：在我们对目前市场上儿童桌椅产品的形态与结构进行分析的过程中，发现拼插结构在儿童的家具产品中有着广泛的运用，如图 5-4 所示。

图 5-4　不同产品结构分析

第一种类型的产品为聚乙烯环保材料，注塑成型，经久耐用，不会受气候温差影响而变形；可随意拼装，桌子拆开可独立使用，拼在一起则可为 5～6 人共用，这一类型的产品具有安全、重量轻、方便运输拆装和搬动等特点。目前已被幼儿园、托儿所、少年宫和小学等各类场所广泛使用。

第二种类型的产品为游戏性儿童桌，幼儿园教育旨在启发儿童智力、锻炼他们的各种能力，而很多游戏往往是创造性学习，如魔方、积木、拼图。儿童可以通过亲身经历或动手制作来锻炼自己的思维能力。研究表明，自己动手制作获得的知识印象最为深刻，这样的参与过程更有利于智力以及创造能力的培养。如图 5-4 中的 1 所示，这是一款以乐高拼插积木为主的儿童游戏桌，儿童既可以对它进行游戏搭建，盖上桌面又可以当学习桌。儿童在拼插造型时，无形中形成、拓展了自己的知识结构。搭建的过程是他们实验、论证、修改自己想法的过程，也正是他们组建知识的过程。

第三种类型的产品是功能组合的儿童桌椅，这类儿童桌椅的特点是可以适应多种环境，通过不同的拼组方式可产生多种使用方式。如图 5-4 中的 2 所示，既可以作为单人学习桌，又可以作为多人的游戏桌，同时，转换产品角度，又可以将其变成小型沙发、书架等。这类桌椅既可以放在幼儿园、早教场所使用，又可用于一般家庭。

第四种类型的产品是拼插结构的桌椅，这类桌椅不仅有较强的趣味性，用拼插的结构方式进行组装，同时，由于是片状形态，不使用时非常方便收纳，这种产品结构能使儿童自由组装，提高了他们的动手能力。

师：林享、荣潇在众多的儿童桌椅中选定了拼插方式的产品进行归类研究主要源自两方面。一方面，由于儿童不断成长的需要，一个家庭的儿童产品往往处于不断更新的状态中，如何收纳搁置的儿童产品是一个长期困扰家长的问题，而易拼拆的产品结构对于解决这样的问题显然有很大的优势。另一方面，若在家具中采用拼插方式可以让儿童与家长共同动手实践，完成家具的组装工作，使他们在劳动实践中充分体验组装的快乐。

5.3.4 概念生成

1. 制定纲要

林享、荣萧：为了更清晰地掌握前期的调查信息，我们梳理了资料并编写成下述设计纲要。

（1）是谁在用？（3～8 岁）

（2）最爱什么？（藏东西、涂鸦）

（3）他们会私藏什么？

（4）私藏空间有多大？

（5）结构要方便拆卸（如拼插）。

（6）使用方式要简单，易操作。

（7）产品的设计语言趋于可爱、稚嫩，符合人群特征。

（8）私藏、收纳两不误。

师：“设计纲要”是整个研究过程的核心内容，在细化“设计纲要”的过程中，需要尽量对产品最大重量、最大尺度、成本预算等必须达到的客观因素优先考虑，同时应尽可能满足产品的叠加性、组合性的新功能。设计纲要是验明后期工作是否能有效进行的标准。

2. 创意构思

在构思开始的时候，要求大家对关键词进行讨论，通过头脑风暴法，大家对“秘密、好奇、爱私藏”进行了思维发散。之后每个小组对讨论的结果进行调整，确定每个小组的设计方向。

林享、荣潇：前期搜集的信息显示，“藏起来”一直是儿童最喜欢做的事，其实不管是把东西藏起来，还是把自己藏起来，都是儿童的一种游戏心理。适当地在儿童家具设计中加入游戏要素有着非常重要的意义。

通过与其他组同学进行发散性思维讨论后，我们决定运用关联分析的方法对之前的信息进行整合。大致思路为：桌子＋收纳空间＋拼插结构＋涂鸦黑板（桌面反面）关联成可涂鸦、收纳的多功能儿童桌椅（图 5-5）。

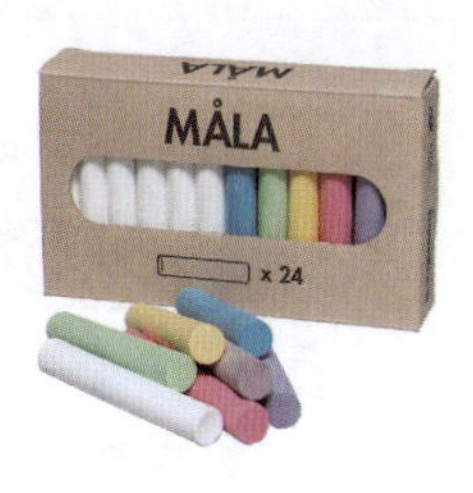

图 5-5　关联因素

图 5-6　The Big Mouth

师：这里运用了关联分析方法。关联分析是指事物之间可能存在某种联系，有可能从中发现一些新的东西。关联分析正是通过考察事物之间的关系去启迪思维，创造新产品的。这些关系有些是直接的，有些是间接的，有些是容易发现的，而有些则是不容易被发现的，需要认真分析与研究。

关联分析法摆脱了传统思维的束缚，打破了原有的专业知识和经验的限制，把看似无关的东西联系起来，启发了创造性思维，促使大量新产品概念的形成。如图 5-6 所示，是广东美术学院张剑老师设计的一款收纳椅，该设计抓住儿童投掷的行为特征，将收纳功能植入家具（椅子）中，借助游戏逐渐培养儿童收纳的好习惯。

3. 设计草案

在上述研究阶段主要是理性的逻辑思维，到了草图阶段，则需要研究者积极创新。如图 5-7～图 5-10 所示。这时的产品只限于非常粗略的概念和简单的产品结构，并不需要准确的设计。

师：草案的最后阶段，就是用最初的设计纲要来评估设计草案。如果是实际项目，则需要请来企业的专业人员或开发组内的其他的专业人士来完成这项评估工作，以更好地完善方案。

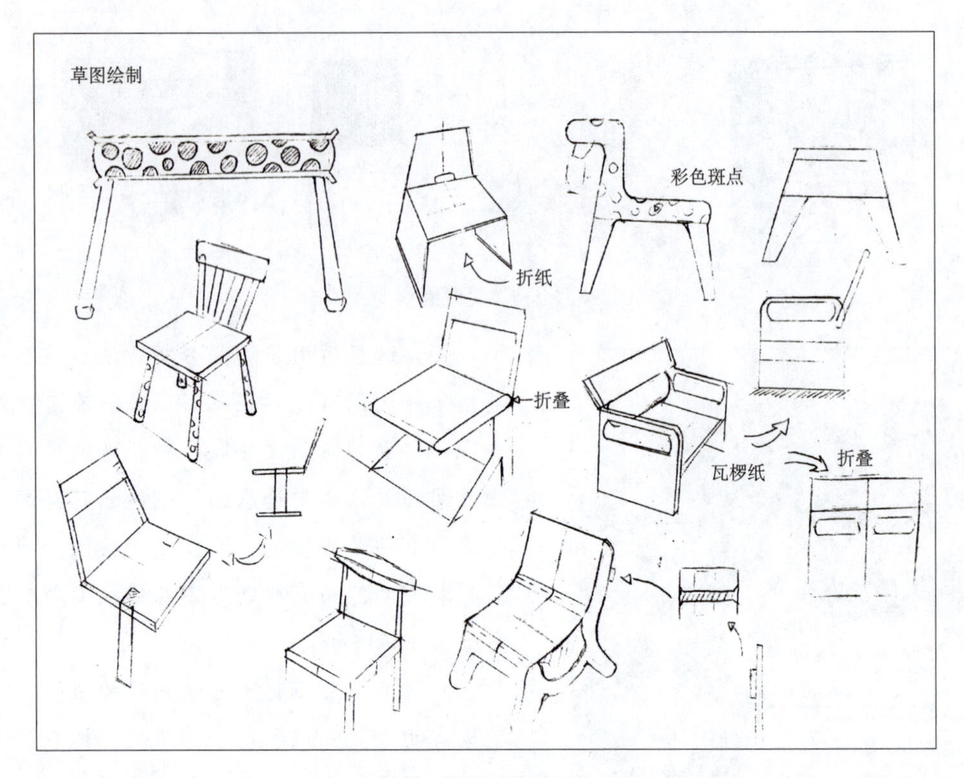

图 5-7　设计草图分析一

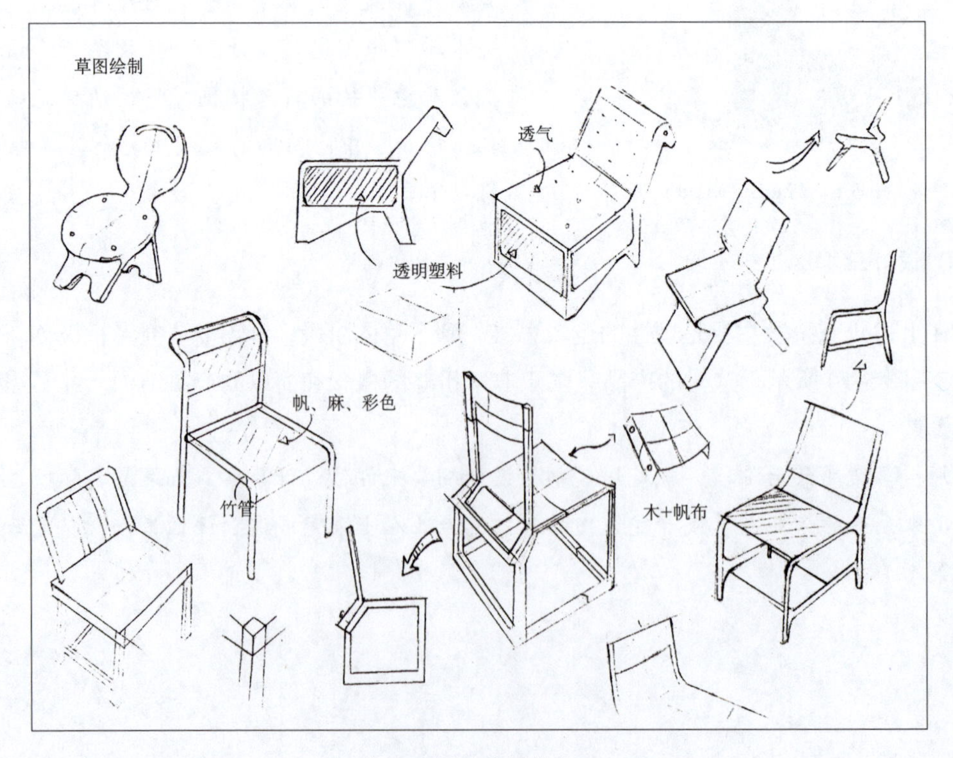

图 5-8　设计草图分析二

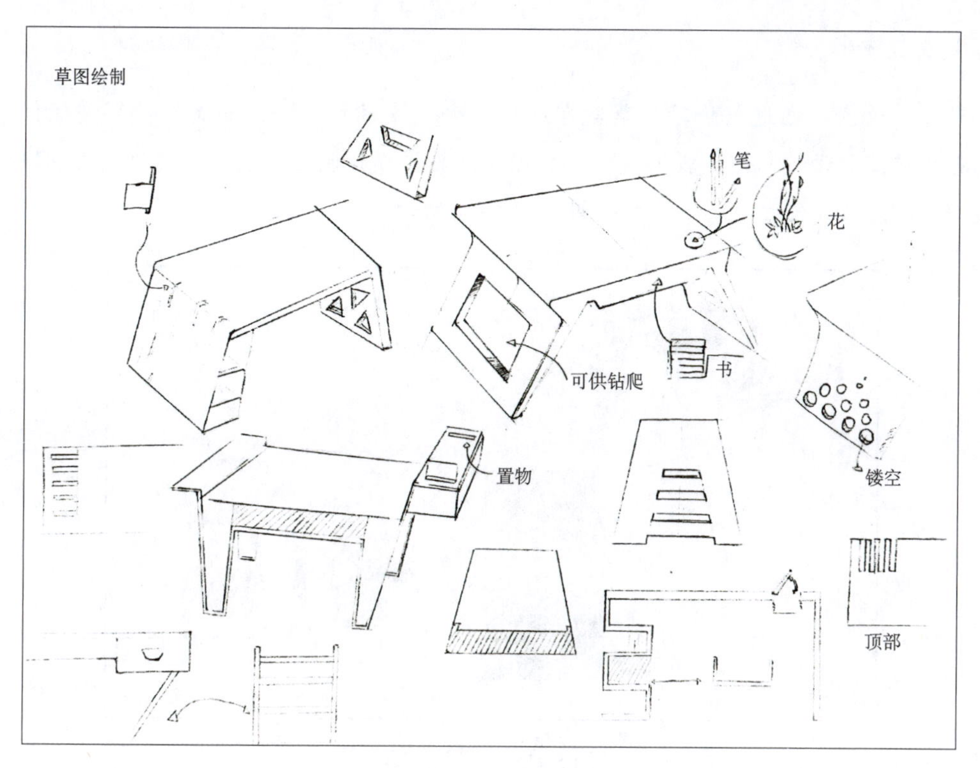

图 5-9　设计草图分析三

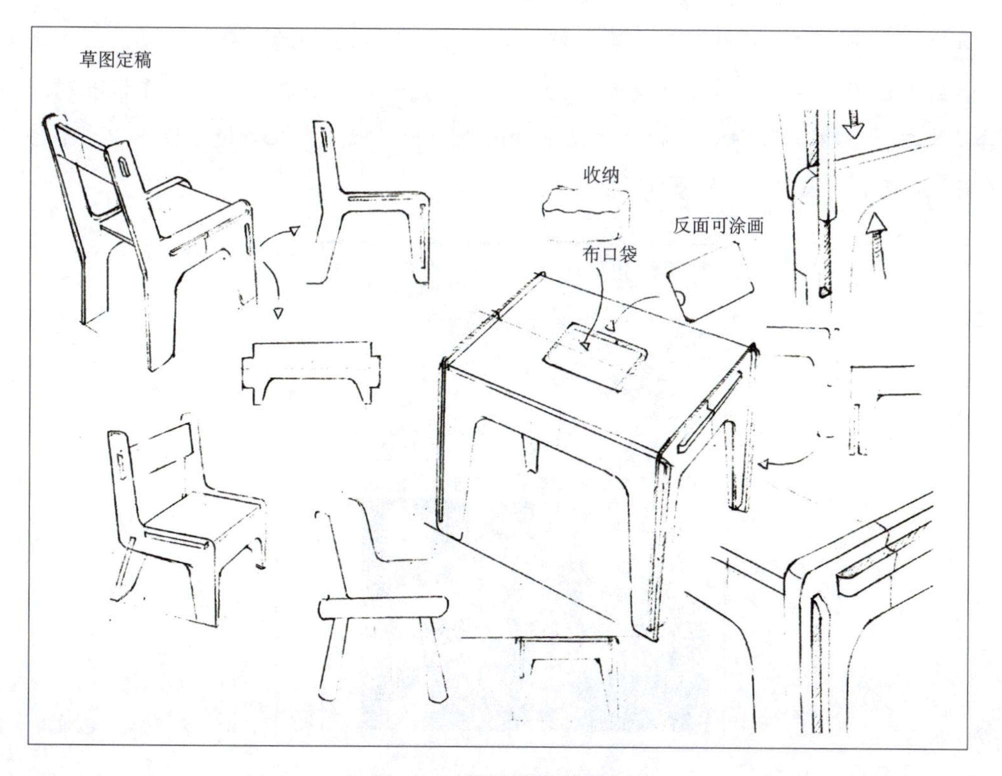

图 5-10　设计草图分析四

4. 发展优化

林享、荣潇：在这一阶段，草案在结构、生产技术和材料方面将继续得到优化和检验。根据前期的设计草图，我们进行了后期的计算机模拟制作，从三维的角度去发现问题并逐渐进行修改，使之完善。三维效果如图 5-11 所示。

图 5-11　三维效果图

林享、荣潇：草模制作过程中，我们制作了一个模型小样，如图 5-12 所示。制作小样的目的是为了确定更精准的尺寸和比例。从平面转化成立体的过程中，我们着重测量比例和测试承重力。第一，需要测量桌（椅）腿拼插处的尺寸和接口宽度，保证准确无误地插接；第二，需要测试拼插结构桌（椅）面的承重力，确保在儿童使用过程中，不会出现桌（椅）面断裂、塌陷等意外事故。

图 5-12　草模制作

儿童和成人之间最明显的不同就是身体的尺寸。一个好的儿童产品设计应该充分考虑到儿童身体尺寸的因素。以儿童身体尺寸为基础的设计不仅仅是帮助儿童产生“可控制”和“舒适”的感觉，它同时给儿童的安全提升了一个等级，避免他们笨拙地伸手去拿远处的东西，或者是摇摇晃晃地站在家具的边缘向外看并越过它们。因此，了解儿童产品的尺寸度量是非常必要的。

我们从官方资料上寻找到幼儿园不同年龄儿童桌椅型号的标准范围值，见表5-1。

表5-1 幼儿园不同年龄儿童桌椅型号的标准范围值

桌椅型号	桌面高/cm	座面高/cm	标准身高/cm	学生身高/cm	年龄/岁
幼1号	52	29	120	>113	>6
幼2号	49	27	112.5	105~119	5~6
幼3号	46	25	105	98~112	4~5
幼4号	43	23	97.5	90~104	3~4
幼5号	40	21	90	83~97	2~3
幼6号	37	19	82.5	75~89	1~2

注：① 标准身高系指各型号课桌最具代表性的身高，对正在生长发育的儿童青少年而言，常取各身高段的中值；② 儿童身高范围厘米以下四舍五入。

5. 最终模型制作

如图5-13所示。

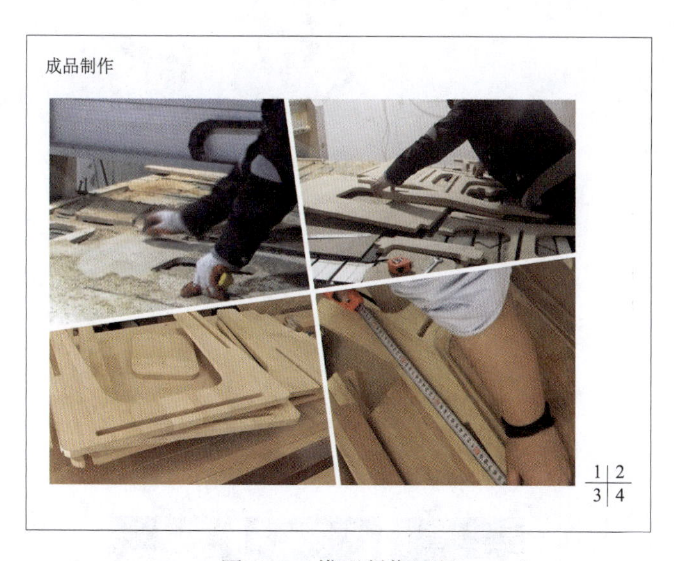

图5-13 模型制作过程

实木板切割过程及尺寸校对。在这个过程中，由于手工切割实木板，尺寸的精确度与机器切割有误差，但误差不大，可在随后的打磨期间给予解决。

我们先用砂光机进行尺寸误差调整。再用打磨机对表面进行平整处理。最后用砂纸进行局部细微的打磨，使表面光滑。在这个过程中，我们对前期切割实木板过程中产生的尺寸误差进行了调整。其次，将表面打磨光滑平整并进行圆角处理，去除毛刺及尖角，以避免儿童在使用过程中产生安全隐患。后期打磨过程如图 5-14 所示。

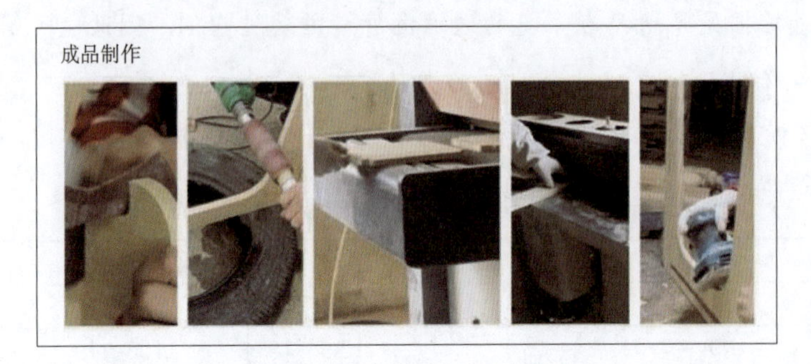

图 5-14　后期打磨

6. 最终效果

如图 5-15 所示。

图 5-15　最终效果

5.4 “甜甜圈爬爬椅”设计

学生：欧兆韵。

5.4.1 最爱“捉迷藏”

欧兆韵：记得我小时候很喜欢玩捉迷藏的游戏，3～5个小朋友躲在家里、院子里，耐心地等待寻找者，玩得不亦乐乎，时至今日我看到小朋友们仍然在玩这个游戏。我想每个孩子的童年都是伴随着这样快乐的游戏度过的吧。在这个课题中，我想将至今还记忆犹新的捉迷藏游戏作为此次的设计破题，进行深入研究。

我曾在一本名为《装饰》的杂志里看到这样一段文字：“家具在儿童认知和生理发育的高峰期能起到良好的辅助作用。我们认为儿童家具在设计时要考虑到他们的特殊心理和习惯。如：儿童家具都会有洞穴、遮蔽或可以躲藏的设计，就是针对孩子们喜欢躲猫猫的心理，躲猫猫是孩子探索世界的方式，在安全的情况下满足他们的好奇与得到刺激。”①

这段文字让我眼前一亮，原来儿童家具设计并不像一般人所认为的是成人家具的缩小版，而是需要针对儿童的心理、行为特点，将它与游戏结合在一起设计，尽管我没有看到赵华老师所特指的儿童家具，但是如果与捉迷藏的游戏结合在一起，一定非常吸引孩子们。

师：殴兆韵发现的视角很特别，能从自身的童年回忆出发，把落脚点定位在捉迷藏游戏上；同时文字性资料的启发也让她更加确定这一个破题方向。接下来她需要从儿童的各种特征出发加深对研究内容的理解。

5.4.2 儿童的游戏行为

欧兆韵：对课题研究的方向有了最初的想法后，开始对用户进行调查分析。我把调查对象指向了我非常熟悉的小侄女小琪。

小琪，今年4岁。

成员：家中有着极其疼爱她的爸爸、爷爷和奶奶。

用户特点：小琪很调皮，不论在学校还是在家里，都显得活泼好动。

4岁的小琪和我小时候一样非常喜欢玩躲猫猫的游戏，只要身边有人，一定会被她拉着一起玩，家里的各个角落，只要是可以遮蔽的，都是她游戏的首选。小琪很喜欢上幼儿园，她觉得幼儿园人多，玩起游戏来更加好玩。

我曾观察过小琪和其他小朋友玩捉迷藏游戏时的躲藏方式。她们躲的时候经常犯“掩

① 引自赵华《设计关怀》。

耳盗铃”的错误，以为别人看不见自己，其实有半截身体都在外面；但因为她们身体小，活动灵活，常常喜欢钻在桌子、凳子底下，或爬到橱柜夹层，抑或者蜷缩在箱子里，因此常被遮蔽得让人看不见（图 5-16）。

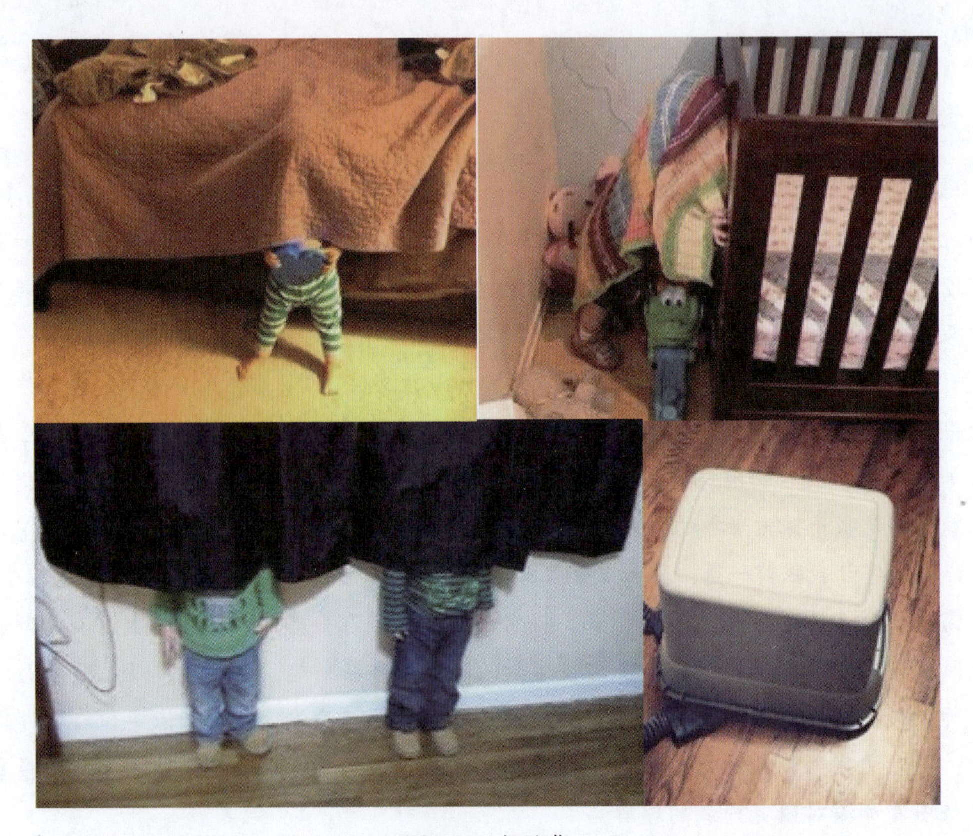

图 5-16　捉迷藏

此外，我将对小琪的观察内容从游戏、行为、食物等方面进行了整理，如图 5-17 所示。

从信息中可以发现 4 岁的小琪的特征很明显，钻摸攀爬、爱躲藏、好吃、活泼等信息很多，我想对这些特征先作保留，便于为后续的设计创意做好链接准备。

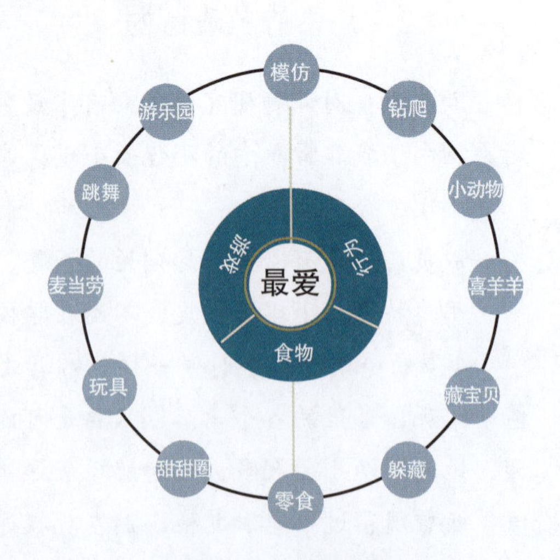

图 5-17　主题分析

5.4.3　大遮蔽与小开窗

欧兆韵：在产品调研的过程中，我发现国内市场上可以为儿童提供躲藏空间的家具并不多，但在国外的网站上却可以看到该主题的儿童产品，这里我将它们整理出来进行分析。

如图 5-18 中的 3 所示，是一个折叠纸做成的“房子”家具，“房子”的门、窗、信箱都是可以打开的，这样的结构非常适合家长与孩子间的亲子互动，同时，也适合小朋友们在一起玩捉迷藏或过娃娃家的游戏。由于是折叠纸箱，不使用时收纳起来也很方便，不会过多占用空间。

再如图 5-18 中的 4 所示，是一款来自意大利的游戏产品，产品以大面积、大体块进行视觉展现，仅在小面积、小范围开窗，就凭这一点足以激发孩子们强烈的好奇心和探索兴趣。产品造型语言简单而精练，多以几何形为主。L 形的产品元件可以激发儿童对不同颜色的元件进行自由搭建，组成不同的空间，充分锻炼了孩子的想象力。这样的产品多见于儿童游戏房、活动中心等场所。

图 5-18 中的 1 是 IKEA 宜家里克龙扶手转椅，可旋转的软质顶篷可将孩子们完好地隐藏在里面，这款产品深受儿童的喜爱。

图 5-18　竞争产品分析

在产品调查中，我发现不论是儿童的大型玩具还是儿童家具，跟捉迷藏有关的产品都有一个明显的特点：产品都是将大块面的遮挡与小面积的开窗结构组合构成视觉对比，增添了产品整体的神秘感。这样的产品必定是孩子们捉迷藏游戏中的最爱。

因此，最后我在调研分析中建立的关键词是：遮蔽，开窗，搭建。

师：类似的同类产品确实少见，这为欧兆韵同学的设计展开增加了一定的难度；但她能从国外少数创意产品中总结出“大遮蔽”与“小开窗”的对比关系，还是值得肯定的，这种结构关系显然是形成躲藏类家具的重要条件。

5.4.4 “甜甜圈”概念生成

1. 纲要制定

欧兆韵：在用户调研中，我发现4岁的小琪更喜欢幼儿园的环境，因此我想可以针对她这个年龄段热爱集体生活的特点，对幼儿园家具进行设计。

结合前期的研究内容，我制定了如下设计纲要。

- 使用人群——学龄前儿童3～6岁。
- 产品结构上符合游戏特征——遮蔽与开窗。
- 产品可多样化自由组装，来适应幼儿园环境。
- 产品语言符合3～6岁儿童特征。
- 产品应具备基本的家具功能。
- 可供多人游戏。
- 产品的功能与儿童的心理认知、行为特征吻合。

2. 初步构思

欧兆韵：这里我分别从造型元素、功能要素进行了初步构思。

（1）造型元素：侄女小琪特别喜欢吃，零食是她的最爱，我想在造型中将零食作为造型元素，如棒棒糖、猕猴桃、甜甜圈等，如图5-19所示。

图5-19 造型元素

（2）功能要素：产品首先满足的是家具的基本使用功能，如坐椅、桌子等；其次以躲藏为中心，结合儿童爬行、攀爬等特征要素对具体的功能进行设想。

3. 构思草图

欧兆韵：草图如图 5-20 和图 5-21 所示。

图 5-20　设计草图一

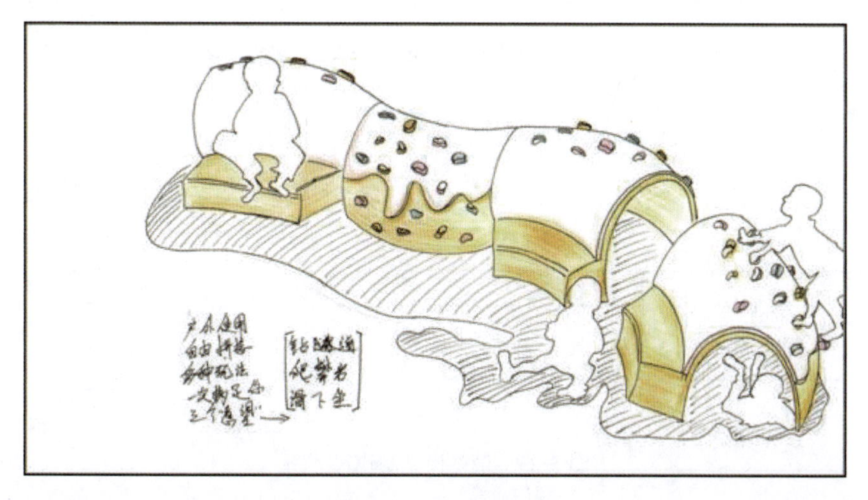

图 5-21　设计草图二

4. 设计优化

欧兆韵：这里我用三维软件对草图方案进行了详细的表现，将设计概念更加具体化、细节化、直观化，如图 5-22 所示。

图 5-22　三维效果图

在设计优化的过程中，我将户外攀岩岩点移植到产品中，在外侧进行了凹凸不平的表面处理，这样更有利于儿童攀爬玩耍。儿童玩累了也可以在一侧的椅子上稍作休息。同时，半透明拱形的隧道非常适合儿童钻爬、玩捉迷藏的游戏。考虑到产品的安全性，我在产品的每处细节都进行了倒角处理，有效地避免了儿童在游戏中碰撞所带来的危险。

接下来是设计方案进行草模检验的过程，首先我按课程要求将设计方案中的产品尺寸进行制图绘制，这一步骤有利于后续的草模制作中备有具体的尺寸与比例，避免与设计结果之间产生不必要的误差，如图 5-23 和图 5-24 所示。

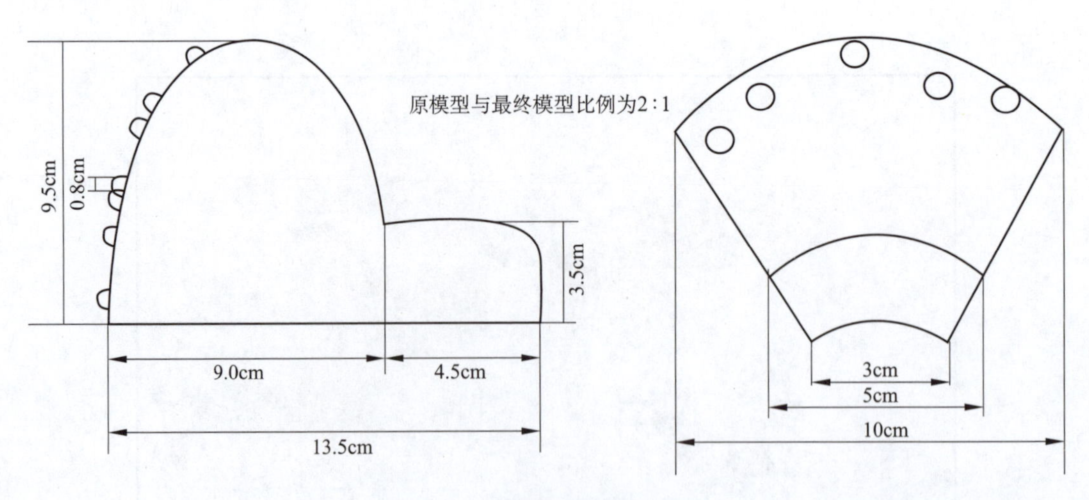

图 5-23　最终模型制作尺寸图

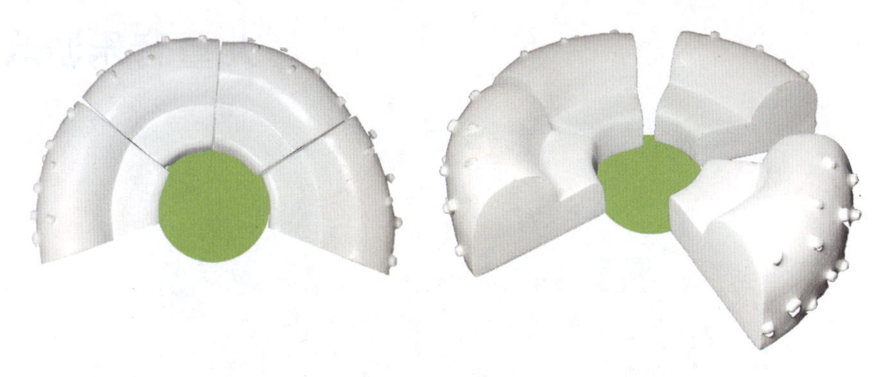

图 5-24　草模效果

5. 最终效果

如图 5-25 所示。

功能使用与细节

甜甜圈爬爬椅

设计说明：

使用甜甜圈造型的爬爬椅，带给孩子健身娱乐的乐趣。仿生甜甜圈爬爬椅将多种玩法集于一体。满足了孩子们不同的娱乐需求。

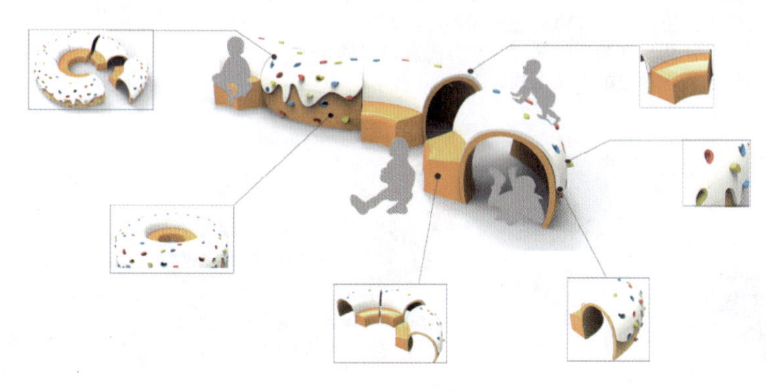

多种色彩材质

图 5-25　版面效果

“最爱”主题其他作品（图 5-26）。

儿童音乐游戏桌

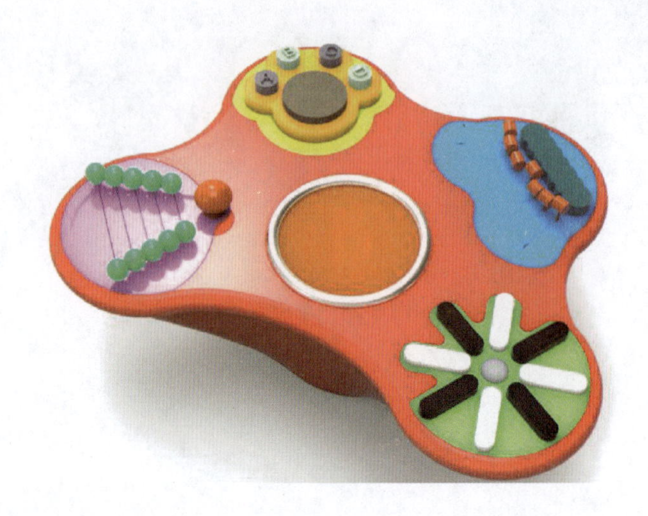

设计说明：
这款儿童音乐游戏桌是结合钢琴按键、弦乐器，儿童按键发声玩具，DJ调音，鼓面这五种发声工具，以儿童的世界为中心，利用卡通、曲线等形态表现出来，让儿童在游戏的同时，充分激发自己的音乐灵感与想象力。制作出属于自己的音乐形式。

图 5-26 “最爱”主题其他作品

师：从整个研究过程和作业效果不难看出，学生对于此次开发设计课程的基本流程与要点已基本掌握。在5周的时间内学生能从最初感性的认识到后期理性的分析研究再到设计创意的生成，针对主题演绎了不同的“解析”过程。在这一过程中，学生努力尝试将创意方法和造型语言运用到实践中，用全新的产品设计形式传达自身对主题的理解与见地。

第6章

儿童产品设计主题教学研究——设计主题“摇摆不定”

6.1 主题综述

6.1.1 课题背景

“摇摆不定”是儿童在成长过程中常见的一种状态。不论儿童是从蹒跚学步摇摇摆摆中迈出第一步，还是从摇摆不定的玩具或游戏中感知规则，抑或是在左右不定的思想斗争中做出抉择，都是儿童在不断尝试中学习如何平衡。它是儿童从幼稚到成熟逐渐成长的必经过程。

由此可见，“摇摆不定”一词具备相对宽泛的生活理解范围。用这样一个形容状态的词汇作为课程主题，能够给予课程一定的新鲜感，激发学生的设计兴趣，促使他们拓展出更广泛的思维空间；根据这一主题词，学生可以结合自身的理解和生活经验，与儿童的行为、喜好、需求等因素进行连线，从中建立起有效关联，攫取更多的创意灵感。

6.1.2 项目设定

案例：儿童游乐玩具设计。

课时：5 周共 80 课时。

使用对象：可任意指定某一年龄段。

设计要求：依据主题词“摇摆不定”，运用组合的创意方法，设计一款多功能的游乐玩具，要求尽可能地达到一物多用、一物多玩的效果。使产品具有娱乐性、教育性和实用性。

6.1.3 教学设置

1. 教学目标

本次专项练习主要是引导学生在对儿童各特征了解的基础上，运用一定的艺术手法，对客观因素进行归纳、综合，设计出真正能满足儿童不同需求的多功能游乐产品。课程借助虚拟课题让学生经历生活细节的观察与捕捉、设计构思的开展、创意思维转化等一系列设计流程，从中熟知儿童游乐产品设计的原则、创意思维的方法以及产品实施等各项知识。

2. 教学重点

（1）如何摆脱固定思维，更全面地理解主题词。

（2）将儿童的特定能力培养转化成儿童产品设计中的具体功能，通过设计实践培养学生设计转化的能力。

（3）灵活运用组合、移植等创意方法，提高综合运用能力。

3. 教学内容

（1）设计问题导入。以儿童日常生活为中心，通过背景资料搜集、观察日志、访谈记录等方式发掘儿童在不同生活环境中可能出现的“摇摆不定”，并能透过现象看本质，深入分析背后所隐藏的内涵性信息，从中寻找课题的研究方向。

研究方法：观察法、资料搜集法、图片日记等。

（2）市场调查研究。基于前期的设计发现，针对性地对市场竞争品牌、同类竞争产品、相关技术、结构等内容进行搜集分析。通过对不同信息的梳理发现市场缝隙，准确地进行设计定位。

研究方法：问卷调查、定位分析。

（3）概念设计方案。依据前期制定的设计目标，对主题进行设计构思，思考借助怎样的结构或形态进行设计表述，并能够通过设计深化将创意进行实物转化。

6.2 教学启发

6.2.1　主题理解

“摇摆不定”是一个表示不平稳状态的词汇。仅从这个词就可以初步判断本主题主要是针对平衡类产品进行研究。

生活中，以“平衡”为主要功能的常见儿童产品不在少数，如秋千、跷跷板，这些都是非常典型的产品。这些产品往往会成为一种固定的形象浮现在人们的脑海。其实，这是一个长期的经验积累形成的思维误区，事实上可以从另一个角度去理解“摇摆不定”这个词，秋千、跷跷板是“事物”（产品）在外力作用下产生不平衡的视觉效果印入人们的眼睛；但有时候，接触面较小的物体同样可以使与之接触的“人”（使用者）产生不平衡的效果。这里需要提示性地引导学生，对“摇摆不定”的理解不能止于晃动着的“物”，在“物”静止的情况下，也可能产生摇摆的效果，如图 6-1 所示。

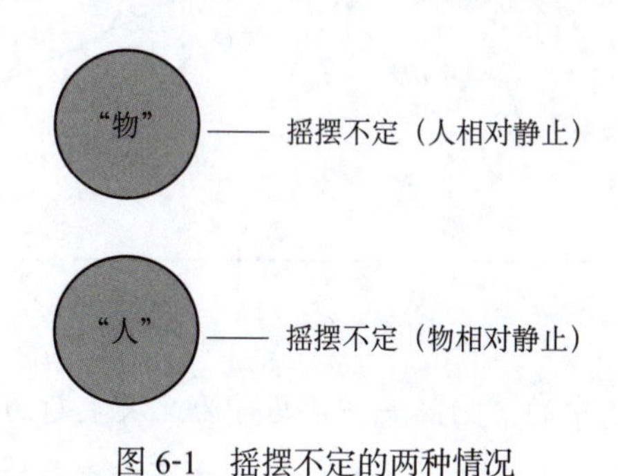

图 6-1　摇摆不定的两种情况

6.2.2　主题启发

启示方法一：“摇摆不定”词汇联想。秋千、单摆、木马、陀螺、空中走钢丝、跷跷板、风铃、吊环、蒲公英、不倒翁等。

启示方法二：寻找能表现“摇摆不定”主题的图片、资料，或拍摄生活中的“摇摆不定”。传统与现代、实用与娱乐、自然与人工等都可以，范围不受限。建议学生将物体进行拍摄、扫描，并打印出来。最终，每组学生要将自己对这个词的理解在小组讨论中充分阐释。

通过资料搜集进行主题启发的过程计划用 16 课时，时间不算充裕，在这么短的时间里，需要学生搜集大量信息，同时发现并思考物象背后所隐含的设计信息。

6.3 “竹马”儿童游乐产品设计

学生：潘艳明、庄金山。

潘艳明、庄金山：“物”的摇摆不定和“人”的摇摆不定在形成原理上有一定的区别，在这里老师建议我们分别对此展开研究。要求根据主题词尽可能地联想相关联实物，内容、数量均不受限（图 6-2）。

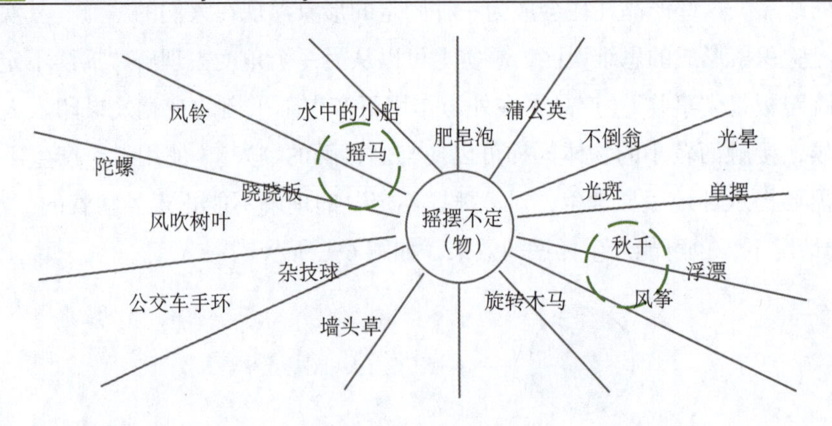

图 6-2 主题发散

我们这一组选择了摇摆中的“物”——摇马作为此次主题的研究方向。

摇马是非常常见的玩具，它对于幼儿的成长发展有着重要的意义，幼儿骑乘摇马能学会用身体控制摇晃的速度和高度，促进幼儿前庭平衡的发展，对幼儿的方向感形成、注意力集中都很有好处。同时，骑乘摇马有利于幼儿保持愉悦情绪，启发幼儿情感发展。

摇马，在游乐玩具中有一定的代表性。在这个课题中，我们想尝试从不同的角度对它进行新的诠释。

师：这两位同学以传统而常见的摇马破题，具有一定的挑战性。在摇马设计中经典的造型非常多，要想取得有别于现有产品的效果，需要突破惯性思维，可以从实际需求的角度多分析多思考，寻求最佳的设计切入口。

6.3.1 从“竹马”到摇马

潘艳明、庄金山：首先，我们对摇马进行了资料搜集。

根据（图 6-3）背景资料的搜集，我们将摇马在我国的发展过程归纳如下：骑着竹枝的“摇摆不定”→驾着木马的“摇摆不定”→各种形态、材质的摇马出现。

背景资料搜集 Searching Background Data

摇马在国内国外都有悠久的历史。古希腊和古罗马时代就出现了儿童玩的木马（摇马因多用木材制作常被称为木马），据记载，古希腊著名哲学家苏格拉底就跟孩子们玩过木马；而在我国，也有对这类玩具的记载，在我国摇马最初的雏形是竹马。竹马在大约1500年前为满足孩子们想骑马的心愿而出现。其典型的式样是一根竿子，一端有马头模型，有时另一端装轮子，孩子跨立上面，假作骑马。李白的《长干行》“妾发初覆额，折花门前剧。郎骑竹马来，绕床弄青梅。同居长干里，两小无嫌猜。”正是借用了竹马来形容儿童天真无邪的友谊。成语青梅竹马也由此得来。我们不难看出中国人从很早的时候就有了把竹竿当作骏马来骑的传统。

“随着时代的发展，曾风行一时的竹马造型逐渐演变，《南史·齐废帝东昏侯记》记有帝‘始欲骑马，未习其事，俞灵韵作为木马，人在其中行动，进退随意所适。’木马出现。”

——《玩具史》

Kids Product Design

图6-3 “摇马”背景资料搜集

在背景资料的搜集过程中，原生态的“竹马”给我们的启发很大，一方面，让我们惊讶的是在久远的古代，儿童就在用竹子去模拟真实的马驹，来满足骑乘的愿望；另一方面，由于我国部分地区盛产竹子，相对于古希腊和古罗马时期的木马，在我国的传统游戏及产品中，人们更喜欢用竹子进行加工制作。从这两方面有效信息看来，我们对传统的摇马进行研究、重新定位具有一定的意义。

师：信息、资料的搜集主要由学生自主完成，而非教师灌输性的教学活动，它为整个项目的开展提供理论性基础，使学生在开始研究之前对所要研究的对象有客观的初步认识，是对主题消化的过程。两位同学从摇马的起源入手，从中提取出“竹马”、“竹材”这些传统性元素，作为设计研究的参考内容。

6.3.2 双脚离地的快乐

潘艳明、庄金山：尽管我们听到的话是简短的，甚至是不完整的，但是透过这简单的言语却可以感受到孩子们对摇马的喜爱（图6-4）。骑“木马”看似是普通的一种简单活动形式，实际上孩子双脚离地的运动感觉是十分奇妙的。前后摇晃，带动摇马一起活动，能够充分体验惯性的魅力，同时能够锻炼孩子的运动平衡能力、协调能力，对孩子的胆量、勇气和冒险精神都是非常好的训练，从而提高自信心。此外，还是预防感统失调的重要举措。

关键词：晃动感，协调，平衡。

用户研究 User resaerch

我们在调查的过程中，发现低龄幼儿对摇晃的东西都很好奇，看到运动的事物，都想去尝试。在超市或者公园都很容易看见骑坐电动摇马的小朋友，小到牙牙学语的婴儿，大到学龄前儿童都非常喜爱骑坐，以至于每次都不愿意主动离开。

"妈妈，我要骑马！"
"妈妈，我比你高！"
"奶奶，我要摇！"

Kids Product Design

图 6-4　用户调查信息

6.3.3　简约与环保

潘艳明、庄金山：在进行设计创意前，我们有必要对现有的同类产品与产品的流行趋势有具体的了解，从而对后续的设计方案准确的定位。

1. 市场分析（竞争对象分析）

如图 6-5 所示，通过对真实市场的调查研究，我们发现摇马市场的产品不算复杂，从材质上来区分，主要有以下几种类别的产品，见表 6-1。

设计信息 Design information

Kids Product Design

图 6-5　市场同类产品

表6-1 市场同类产品分析

材质	产　品	品　牌	优　点	缺　点
布绒		哈哈龙	造型可爱、色彩鲜艳、触感柔和、安全性高	笨重、占空间
木制		木马智慧、HAPE 等	环保、轻便、易组装	功能、造型单一
塑料		Little Tikes 美国小泰克	稳定性高，可靠耐用	功能、造型单一

从目前市场分类来看，摇马主要有木制、布绒、塑料三类：木制类偏传统，多年来变化较小，以片状木块结构组合而成；布绒和塑料以卡通造型为主，相对迎合儿童的喜好。

产品就形态而言，可分为：仿生形态，这一类以动物形态为主，如马、大象、羊等；简约形态，造型较为抽象，马的原型不明显，设计上侧重体现产品的功能和结构。从摇马市场的整体看来，存在着产品款式陈旧、雷同现象明显、作品设计感不强等现象，而原创产品更是寥寥无几。

竹材的摇马玩具非常少见。竹材因材料的特殊性，工艺上受一定的条件限制，我们在用这种材质时，如果直接采用布绒、塑料摇马使用的造型显然不合适；相比之下，采用简单形更加适合现代人的审美标准，如几何形或经提取的抽象形等。

2. 简约环保的流行趋势

通过相关资料研究，我们发现很长一段时间里，产品的设计形态都是偏具象形的，人们追求的是“形似”，这种风格贴近自然，有很强的亲和力，木马的设计也遵循了这种风格；但自包豪斯运动后，整个产品设计风格发生了很大改变，以几何形为主导的简约风格开始盛行，木马设计也逐渐颠覆了原有的造型，追求的是一种“神似”的造型效果，多数情况下，“马”的造型趋于淡化，如图 6-6 中 1 所示。

如图 6-6 中 2 所示为丹麦设计师 Poul Kjaerholm 的 PK-0 坐椅，这款木马对传统的造型进行了简化，去掉了所有多余的修饰，整个木马只由两个部件组成：用弯曲的樱桃木做成的马身，以及圆弧形抛光底座。简单，结实，现代感和工业感十足。

时至今日，简约的木马形态仍被人们所喜爱，但由于工业的快速发展，工业废弃物对环境污染十分严重。据报道，美国工业废弃物以每年 4.5% 的速度增长，国民生产总值增长一倍，环境污染则增长 20 倍。可见，工业对环境造成巨大的压力，生态工艺与生态材料的运用被大力倡导，设计师们对此大做文章。如图 6-7 所示为设计师们用碎木屑、饮料瓶、瓦楞纸等材料的大胆尝试。

产品风格研究 Product style research

1|2|3
4|5|6

Kids Product Design

图 6-6　简约风格摇马设计

如图 6-7 中 4 所示，这款产品是入围 2013 年德国红点奖的摇马作品，它的设计亮点是运用了竹材这些天然环保材料进行设计；巧妙的结构使产品避免使用铆钉加固，真正达到了环保、安全的要求。

产品风格研究 Product style research

1|2|3|4

Kids Product Design

图 6-7　环保风格摇马设计

近年来，设计师们越来越钟爱竹材这样的生态环保材料；竹材在中国覆盖率广，成材率高，在我国历史悠久，常用于民艺、民具的生产。传统玩具中就有很多是使用竹子加工成型的，包括竹马。因此，我们对这次的主题设计定位如图 6-8 所示，以竹材应用为主，一方面是对中国元素的传承，另一方面也符合当下简约环保的流行趋势。

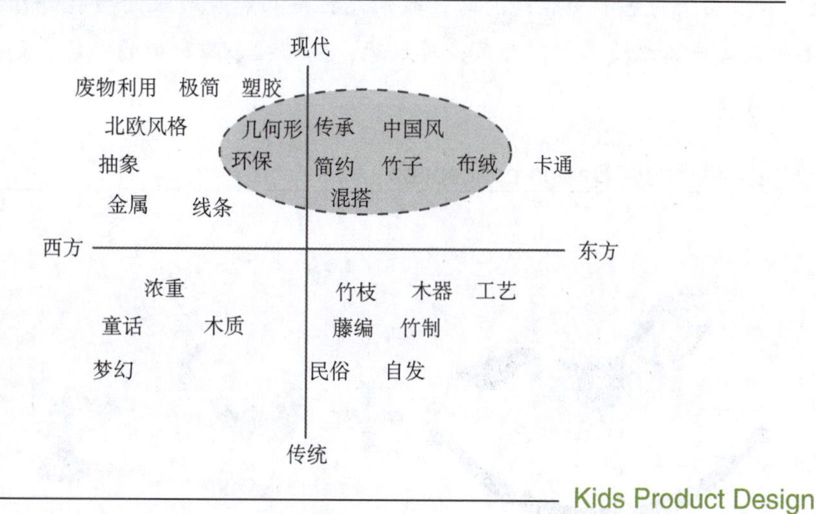

图6-8　定位分析

6.3.4　重新定义的“竹马”

潘艳明、庄金山：摇马既可以用于一般家庭环境，也可以用于公共场所，如公共活动中心、儿童游乐场、幼儿园等。但是游乐产品的体积不能太大，过于占用空间，像跷跷板一般尺寸的产品放在家庭中显然是不合适的。因此，游乐产品在考虑到家用的情况下，合理的尺寸与结构是主要考虑的因素。

1. 设计纲要

综合上述的分析内容，我们把此次专项设计定位如下。

- 以平衡功能为主。
- 结构的平稳性。
- 简约风格。
- 继续延用竹马的材料。
- 以几何形、抽象形为主要形态元素。
- 尊重儿童对色彩的认知。
- 增加产品的使用功能，一物多玩。

2. 构思

材质上，我们用最自然、最环保的竹材来代替木头、塑料及布绒材质。竹子弹性强，韧性好，易于加工制作。

在形态上，我们想采用简约的几何形—半圆为造型元素，半圆能够完全诠释摇马“坐”和“摇”的基本功能；同时，我们想把摇马和跷跷板的功能进行组合（图 6-9），市场上的摇马产品比较单一，大多是单人玩，倘若糅合跷跷板的功能，则会增加产品的实用性、游戏性。

设计构思 Design conception

Kids Product Design

图 6-9　功能构想

如图 6-9 所示，扶手在左侧时和很普通的摇马没有区别，但是扶手平移后，就变成了跷跷板，可让两个小朋友共同游戏。如图 6-10 所示为最初的设计构想。

设计构思 Design conception

Kids Product Design

图 6-10　结构构想

3. 草图分析

在草图分析中我们对产品的结构、细节、材质进行了具体的分析研究，如图 6-11 和图 6-12 所示。

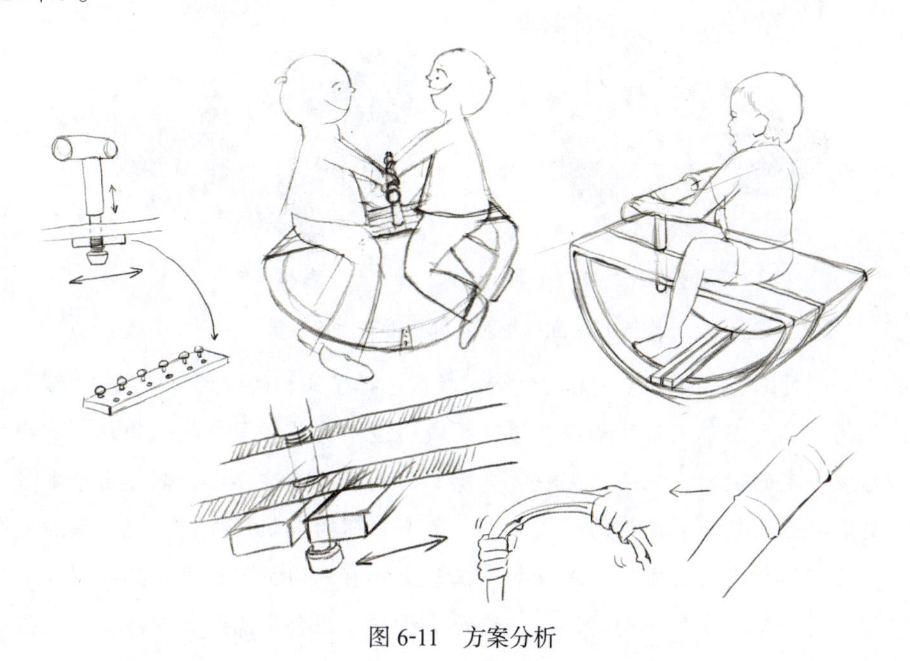

图 6-11　方案分析

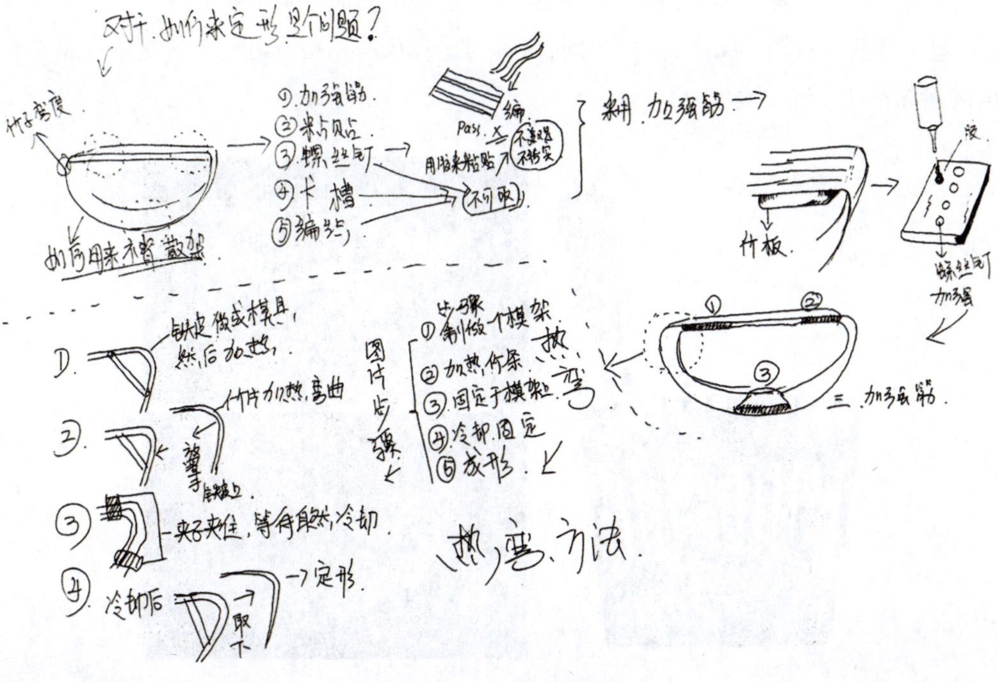

图 6-12　热弯工艺草图分析

最初的构思确定后，还需要考虑半圆造型以什么样的方式展现，是面的构成还是线的构成？如图 6-13 所示。

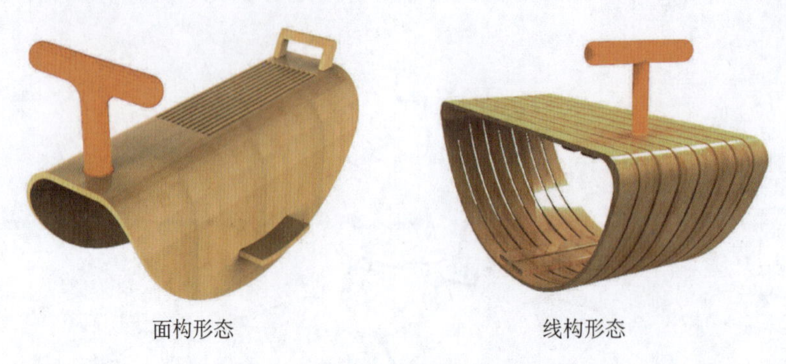

面构形态　　线构形态

图 6-13　面构形态与线构形态对比分析

最终，经过对工艺、形态等因素的权衡，我们选择了线构的方式对产品形态深入表达。

师：任何产品形态都离不开构成美学，构成所追求的是相同或相似的元素有规律的节奏变化，形成一定的韵律，从而产生视觉美感。竹制品也是这样：竹制品由于本身体量感的局限，更需要运用集合、链接的构成方式，各个单体的形状、规格上或完全相同或稍有变化，尽管他们的种类、功能、款式或加工工艺上各有不同，但这类产品的形成都可遵循这样的规律：竹单体—集合—构成产品。这是这种趣味组合形态的基本规律，围绕这个基本点，又可以扩展出诸多方式方法，如重构组合设计、单体组合设计、置换设计等。要用这些规律与方法将传统竹制品及其艺术的内涵，依据现代的审美情趣与观念，对传统竹制品的造型、材料、结构、工艺进行有目的的再创造，从而产生新定义下的趣味竹制品，如图 6-14 所示的石大宇“椅君子”。

图 6-14　石大宇“椅君子”

4. 热弯加工

利用半圆形进行线构组合，那么必定用到热弯工艺。竹材因本身具有一定的韧性，所以适合热弯处理，唯一要注意的是接口固定。我们将 8 根热弯过后的竹条并列放置，在接口处，以及左右两侧固定加强筋，以保证产品的牢固性，如图 6-15 所示。

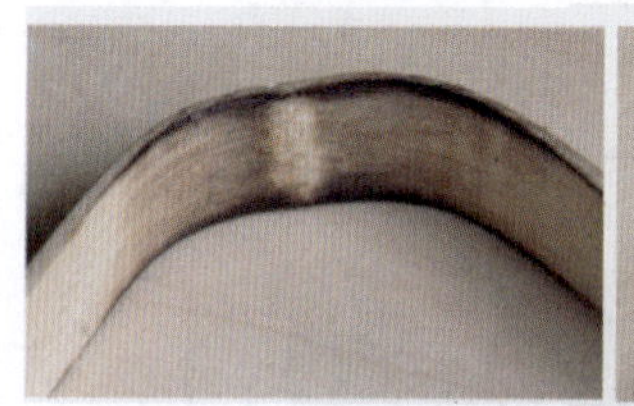

图 6-15　热弯细节

5. 最终版面

如图 6-16 所示。

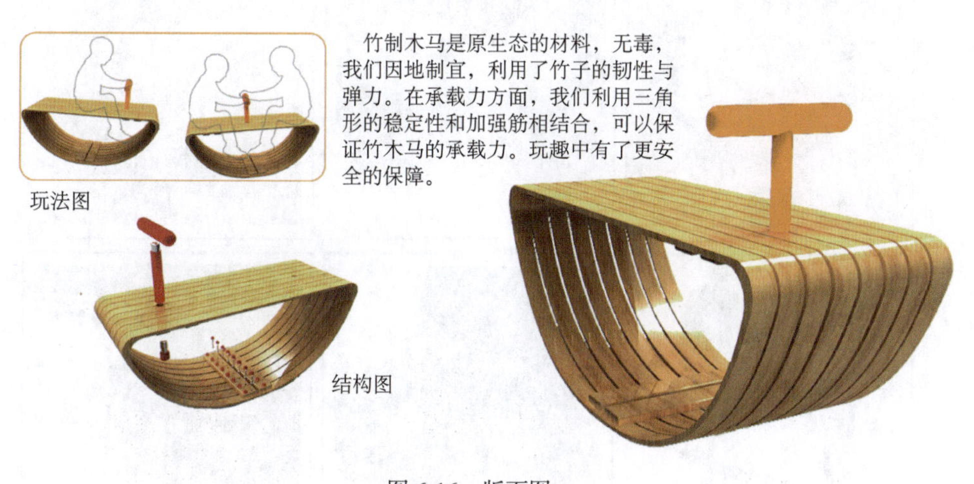

图 6-16　版面图

6.4　“多功能感统训练产品”设计

学生：丁莉。

丁莉：“摇摆不定”：“人”和“物”。

（1）“物”：生活中的不倒翁、跷跷板、木马、秋千、陀螺、风筝、摇篮、摇椅、风车、风铃、滑板、跳动的灯光、摆钟等；自然中的墙头草、漂流的小船、飘零的树叶、风中的蒲公英等。

（2）“人”：走石墩、走木桩、走马路牙、公交车把手、单腿格斗游戏、“吊高高”、玩单杠等行为；人的选择、人与人之间的关系等心理。

如图 6-17 所示，在主题剖析中，我觉得第二种类别——“人”的摇摆不定更有意思，想从这方面对主题进行深入研究。

图 6-17 主题分析

6.4.1 幼儿园游戏——踩罐子

1. 走进幼儿园

丁莉：在老师的帮助下我们对石湖幼儿园中班的老师和学生进行了用户调研，以下是走访的相关内容。

访问单位：苏州石湖幼儿园。

访问方式：访谈及观察日志。

5 月 28 日 晴

今天我们走访了石湖幼儿园中级 2 班，班上的小朋友大多都在 4～5 岁。当我们进入班级的时候，正是小朋友们的午睡时间。我们便向带班王老师咨询了一些与主题相关的问题。例如，幼儿园的小朋友都喜欢玩哪些平衡游戏？孩子们喜欢何种运动？什么样的游乐玩具是他们最喜欢的？等等。

通过与王老师的交流，我们侧面了解到 4～5 岁的小朋友喜欢尝试非常规（立、走、跑）的动作，他们喜欢“金鸡独立”，喜欢单脚跳，喜欢踩着花坛边、马路牙走路；过娃娃家、形状拼图、搭建积木、捉迷藏、踩罐子、蹦蹦球、套圈都是孩子们常做的游戏。王老师说像踩罐子、蹦蹦球这些平衡类的游戏很受孩子们的喜爱。这些游戏可以帮助儿童协调心理、大脑和躯体之间的相互关系，儿童通过游戏性训练可增强自信心和自我控制能力。

午睡后，我们有幸看到了小朋友们玩踩罐子的游戏。如图 6-18 所示，老师和保育员会把大小一样的易拉罐捆绑在一起，让小朋友们踩着易拉罐走向目的地。小朋友们虽然在游戏中踩得摇摇晃晃，显得很不稳定，但都玩得乐此不疲，很是开心。

Design information

图 6-18 踩罐子游戏

用户调查分析关键词汇：自我协调。

师：丁莉这组是运用访谈、观察日记的方法对幼儿园的部分学龄前儿童进行调研，这是一种实地调研的方式，观察者可以根据自己的观察与思考从中提取出关键性信息，作为设计过程中的主要内容。丁莉正是通过这样的调研，以踩罐子的游戏作为主题的切入点展开研究，这样的调研对于后期的设计结果而言，具有一定的说服力。

2. 提取设计信息

丁莉：对踩罐子的游戏，我觉得似曾相识，后来通过信息资料的搜集，才发现其实它是源自于梅花桩的传统游戏。

梅花桩游戏有不同的玩法，具体如下。

（1）走木桩

这是最古老的玩法，将梅花桩按照等同的间距逐个摆放，孩子们一脚一个往前走，是对平衡能力最基本的训练方法。

（2）绕木桩

将梅花桩按照等同的间距逐个摆放，孩子们以S形线路绕过梅花桩，讲求的是正确的路线与速度的结合。

（3）跳木桩

将梅花桩按照等同的间距逐个摆放，孩子们双脚并拢，逐个跳过障碍。

（4）滚木桩

将梅花桩竖着放置在地面，双手推动梅花桩，使其向前滚动。也可以进行比赛，先到达目的地者为胜，或者两人对立，相互滚动。

（5）夹木桩

将梅花桩竖着夹在双腿之间，双脚跳跃前进，跳跃过程中尽量保证梅花桩不掉下来。

（6）背木桩

上身前躬，将梅花桩横放，平躺在自己的背部，犹如小蜗牛，在保证梅花桩不掉下来的前提下向前走动。形象的动物特征能够大大吸引幼儿的操作热情，也可锻炼幼儿对上身的控制。

6.4.2 有趣的感统训练

丁莉：通过相关资料的搜索，我发现之前在幼儿园里看到的踩罐子、蹦蹦球这类产品其实是属于感觉统合训练器材。

感统训练器材一般常用于幼儿园、早教机构或残障儿童训练中心，多为室内外环境。这类产品对于环境的要求不高，平坦、安静的空间即可进行儿童感觉统合训练。

感统训练器材能够同时给予儿童视、听、嗅、触、关节、肌肉、前庭等多种刺激，并将这些刺激与运动相结合。在改善儿童注意力集中程度、运动协调能力和提高学习成绩等方面都具有明显效果。

感统训练器材（图6-19）像孩子的玩具一样，通过感统刺激的具体活动，让儿童在快乐玩耍中，充分张大每个感觉细胞，去感受刺激，让大脑在“跟着感觉走”的过程中，充分完善其组合。

师：感统训练器材对孩子进行的训练不仅仅是一种生理上的功能训练，还是协调心理、大脑和躯体三者之间相互关系的训练。儿童在使用感统器材的训练中，能促进感知觉系统的发育，增强自信心和自我控制能力。在应用感统训练器材的游戏中，感觉到自己对躯体的控制，增强感觉信息的输入，尤其是前庭刺激的输入，促进感知觉的协调，进而达到改善脑功能的目的。

图 6-19 感统训练（摇滚陀螺、平衡板、扭扭圈、波浪触觉步道）

丁莉：我觉得在市场竞争产品分析中有必要对目前常使用的平衡类感统训练产品进行具体的调查研究。以下是我通对过 WEPLAY 品牌产品的搜索，选取了与主题“摇摆不定”相关的部分平衡类产品，尝试借这些成熟产品，从结构与功能角度分析，提炼出此类产品的共同特点。

1. 彩虹河石

如图 6-20 中 1 所示，这是一款名为彩虹河石的感统训练器材，产品模拟小石头的随意性，以最少组件达到多样化玩法的变化组合；高低不同的河石训练孩子的跳跃、平衡及判断力，是集趣味性、挑战性于一体的游戏。河石表面纹路变化，给予踩踏者不同触觉及感官刺激，触感加上防滑设计，保护游戏者的安全；河石底部也有防滑设计，确保在踩踏时的安全性与平衡感。

2. 踩踏半球石

如图 6-20 中 2 所示，踩踏半球石有防滑的塑胶外表面，幼儿可手握绳子踩踏在半球石上，自然地进行走步运动；抑或取下绳子，当作踏越的垫石。这款器材旨在训练肢体动作协调能力及平衡感，增进手、眼、脑的协调统合能力。

3. 环保平衡垫

如图 6-20 中 3 所示，柔软的环保材质、气垫式的原理，使使用者的身体随着坐垫摇摆，坐着就可以运动。产品可当坐垫、靠垫、脚踏垫，满足多元需求与功能；通过站、跪、坐等动作，训练儿童的平衡感。

4. 大脚丫感统训练器材

如图 6-20 中 4 所示，练习平衡和协调性的“大脚丫”会激发孩子极大的活动兴趣，不但能促进手、脚、眼协调性的发展，还能培养孩子愉快的情绪。

图 6-20 平衡类产品

通过对上述产品信息的分析，可以看出，不论是走彩虹河石还是触觉步道，这些感统训练器材都具备以下特点：①产品与人接触的面积小；②产品具有不稳定的结构或形态；③产品应与地面存在高度落差，以此来增加游戏的难度，训练儿童的平衡感与协调能力。

彩虹河石和“梅花桩”类似，“梅花桩”之前是用于桩上练习的一种拳术，后被演变成像踩踏石这样锻炼儿童平衡能力的游戏。这类产品的结构特点很简单，接触面积与脚的距离相近，桩也是固定的，唯一挑战游戏者的因素就是桩间距，间距一大，就不容易控制，会使游戏者摇晃不定，甚至滑落下去。与之类似的产品还有触觉过河石、踩罐子等。

再者，诸如波浪触觉步道这样的产品，它通过缩小脚底接触面积，并成波浪形曲线状，从而增加产品的不稳定性，提高游戏难度。类似产品有构建平衡台组、平衡步等。

此类平衡产品隐含的关键信息：高度差，不稳定，协调。

师：很多学生只看到游乐玩具的趣味性、游戏性，却容易忽略产品背后隐藏的功用性。丁莉能够通过“踩罐子”游戏的表象内容研究到感统训练，这是一个质的飞跃，对她的课题研究有着重要意义。感统训练是游乐玩具的本质性因素，一旦被挖掘，后续的研究工作则会变得更加有针对性。

6.4.3 游戏叠加

1. 设计纲要

丁莉：调查研究到这里已经很明晰了，主要是以主题中“人”的摇摆为中心，设计出锻炼儿童平衡能力的产品。但仍然需要综合上述的客观因素及项目要求进行设计纲要的制定。

- 适用于2～6岁的学龄前儿童。
- 进行感统训练，锻炼孩子的平衡能力、运动能力、判断能力等。
- 增强孩子的冒险精神。
- 让孩子体验游戏的快乐。
- 增加不同的使用功能，一物多用。
- 单人或多人游戏的趣味性。
- 自由组合、自由搭建。

2. 设计构思

丁莉：根据“一物多用”的课程要求，我以“踩罐子”游戏原理为中心，进行了思维扩散，如图6-21所示。首先，我将常见的儿童游戏或者感统训练罗列出来，尝试将它们与平衡训练进行功能性组合。

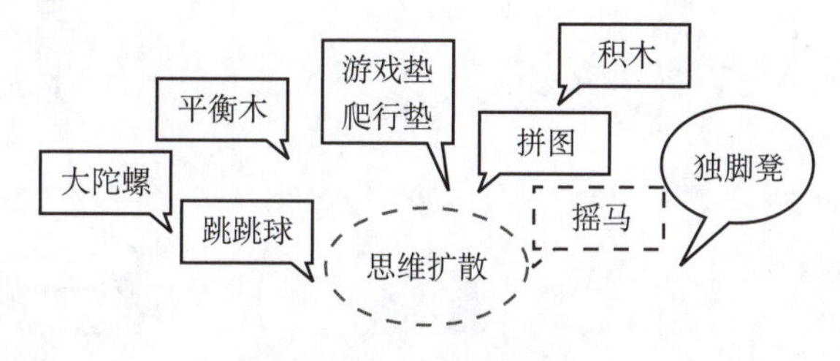

图6-21 思维发散

通过与老师、同学的创意讨论，我的构思如图6-22所示，以爬行垫为主要载体，围绕主题加入摇马、踩踏石等平衡游戏的元素，并与形状拼图等辅助游戏结合，组成感统训练垫。这样设计的产品最终既可以适用于低龄阶段儿童对形状、色彩的认知，又可以满足学龄前儿童锻炼平衡能力的需要。

图6-22 初步构思

6.4.4 概念生成

1. 创意草图

丁莉：在草图设计的过程中，我主要对产品的不同功能、不同的使用方式进行了详细的梳理，从中证实这些功能被组合的可行性，如图 6-23 所示。

图 6-23 设计草图

丁莉：在设计概念深化的过程中我将产品进行了具体组合，其主要功能要点如下。

（1）产品以半圆、圆的不同组合为主要造型元素，儿童可以通过形状识别将不同泡沫组件放入对应位置，如图 6-24 所示。

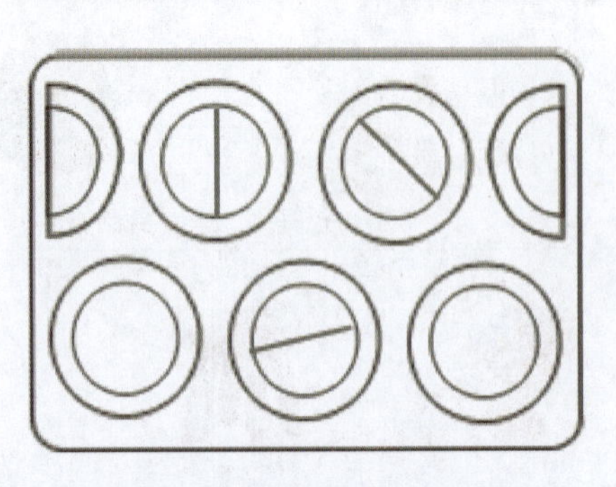

图 6-24 半圆及圆的造型元素

（2）圆形、半圆形的半透明组件可以与形状一致的泡沫组件拼插，与游戏垫形成高度差，用于儿童踩踏，训练他们的平衡能力。

（3）产品中半圆形、圆形的泡沫组件又可以分别作为儿童的摇马和凳子使用，真正做到了物尽其用。

师：在产品形态上，丁莉很巧妙地运用了儿童产品设计中常用的一种设计方法——“放大”手法，将形状拼图放大成为一个大号的游戏垫。产品一旦放大，功能也将随之增加或改变，这时候就需要设计者充分发挥想象力，让产品功能得到最大化扩展。

2. 设计表达

如图6-25所示。

图6-25　三维效果图

3. 模型制作

丁莉：由于设计的产品形态多为较平面化的几何形，因此老师建议我们用密度板加工制作模型，既方便又容易出效果。图6-26所示为模型的整个制作过程。

（1）草图绘制。为了确保模型制作的准确性，我们首先绘制了设计方案的具体尺寸。

（2）分割模块。这个模型由若干个模块组合而成，最重要的步骤就是按尺寸、比例将不同形状的模块完整地切割下来。

（3）整体打磨。这一步是对在切割过程当中不平整的地方进行细致的打磨修饰。

（4）模型上色。最后，按先前的色彩方案对模型进行调色、喷色，完成最终效果。

图 6-26　模型制作过程

4. 最终版面

如图 6-27 所示。

图 6-27　最终版面

师：丁莉在主题作业中，用感统训练这个概念将“摇摆不定”的各种形式结合在一起，既具备摇摆的“物”（摇马），又具备摇摆的“人”（过河石），非常符合主题要求；同时，产品能够围绕儿童的发展需求，运用巧妙的结构来搭建快乐的互动游戏，开发儿童内在的学习能量，是一款综合性较强的儿童产品。

儿童产品设计主题教学研究——设计主题“便利”

7.1 主题综述

7.1.1 课题背景

人们常常专注于成年人的生活或心理感受，却很容易忽略儿童这样的弱势群体。其实在儿童的生活中也存在着各式各样的问题，只是由于儿童各方面能力还在发展阶段，有时无法将自己生活中的麻烦正确地表达出来。面对这样的群体，需要通过更为细腻的观察方式去了解，甚至用换位思考的方式去感受他们的世界，去发现儿童生活中隐藏的种种问题。本次课程正是想通过设计研究，将一些看不见的“东西”（问题）挖掘出来，重新定义儿童与产品之间的关系。

美国创造学家克拉福德把一般事物的特征分为以下 3 个部分：名词特征——指采用名词来表达的特征，如事物的全体、部分、材料、制造方法等；形容词特征——指采用形容词来表达的特征，主要指事物的性质，如颜色、形状、大小等；动词特征——指采用动词来表达的特征，主要指事物的功能，包括在使用时所涉及的所有动作。

这里用“便利”这个形容词作为本次练习的设计目标，要求学生通过不同的方式对儿童生活多角度地进行观察，寻找该人群生活中的不便之处；罗列出不同的设计问题深入分析与研究，最终将生活不便转化为生活便利。用真实的设计研究来提高学生解决实际问题的能力。

7.1.2 项目设定

案例：儿童游乐玩具设计。

课时：5 周共 80 课时。

使用对象：3 岁以上儿童。

设计要求：围绕主题词“便利”，关注儿童生活的各个方面，设计一款能够解决儿童某类生活“不便”的产品。在实际研究的过程中，学生可以通过产品改良的方法解决现有产品的问题，也可以按实际需要开发出全新的产品，视具体情况而定。

7.1.3 教学设置

1. 教学目标

本次专项练习主要是通过“便利”主题，引导学生养成观察生活的习惯，学会站在儿童的角度来思考问题，反思人、事件、环境、产品之间的关联性，并在其中发现设计需求，寻找设计灵感。课程旨在通过设计训练，促使学生灵活应用所学的知识，来解决实际问题，进而提高综合设计的能力。

2. 教学重点

对设计问题的发掘在本次课程中是至关重要的内容。从生活问题入手一方面能真正解决儿童生活中的问题，尽可能地为他们提供更好的生活便利；另一方面，可以用真实的研究过程让学生明白产品设计的目的和意义——只有围绕用户，根据他们的实际需求开发产品，才是有价值的研究过程。

3. 教学内容

（1）用户背景资料搜集

在这一阶段，学生需要根据主题搜集不同的背景资料，一方面可以知道生活中有哪些便利化设计；另一方面搜集相关儿童生活信息，对他们生活的范围、方式有所了解。借助这些背景信息，学生可以对主题建立初步的认识。

（2）设计调查研究

运用观察、访谈的调研方式挖掘出儿童生活中种种“不便”的问题，并用理性的思维方式对造成这些生活问题的因素进行有效梳理，制定完整的设计纲要。

（3）方案构思

综合前期的研究信息尝试性提出“便利”性的解决方案，将产品与人之间的不可见关系转化为可见，用视觉化的语言阐述设计创意。

（4）设计优化

在这一阶段，需要学会如何将创意思维转化为真实产品，将创意物化。并通过草模、试验等方式检验设计方案，确保儿童便利化产品的可行性。

7.2 教学启发

7.2.1 主题理解

便利，在字典中最近义的词是方便、便捷。而在产品设计领域中，便利却包含多层含义——简单、舒适、方便、高效。这 4 层含义都是建立在以人为本的基础上，从人的通感以及心理感受等方面归纳了使用者的基本需求。

在儿童的日常生活中，生活产品到处可见，在使用这些产品时，儿童或家长只关注这个产品本身——产品做什么的？怎么用？往往对于自己的真实需求却鲜少考虑，直到明显意识到烦琐、庞杂、费时费力、功能单一等种种“不便”时，才会被动地反思产品是不是该重新设计。

在教学启发的过程中，首先搜集了一些生活中被人们所熟知的便利性产品，用这些优秀的产品设计案例让学生感受到便利性设计对生活的重要影响。

在一个世纪前的欧洲，长筒靴是为适合泥泞和有马匹排泄物的道路而流行，但是穿脱过程烦琐，让人们感觉特别麻烦。众多商家和发明家为此大伤脑筋，同时他们也知道，谁先解决这个“麻烦”，谁就会获取更多的财富。从 1851 年美国人爱丽斯·豪（Elias Howe）一个拉链的雏形设计改进长筒靴，到第一次世界大战期间美军将这种设计首先用于军服，拉链的使用开始进入人们的生活，它的方便在 1926 年被一位名叫弗朗科的小说家这样描述：“一拉，它就开了！再一拉，它就关了！”至今，拉链的“方便”已影响了人类一个世纪的生活。

此外，在中国有一个古老发明至今惠泽天下，那就是雨伞。据说它的出现已有 4000 年的历史。关于它的“设计师”也众说纷纭，有说是鲁班受“亭子”的启发，有说是鲁班的妻子云氏。2000 年前，有完整骨架、能开能合的伞出现，而在现代出现的折叠伞更是使得这种“移动的房屋”成为人们手提包里的常备之物，或可遮挡阴雨，或可遮挡烈日。[①]

这次主题课程就是要带着大家去寻找生活中被人们所忽略的种种“不便”，以“不便”

① 摘自朱亮《设计关怀》于《装饰》。

作为设计动因，设计优化出最好的生活产品。只是这次定位在儿童用户。

7.2.2 主题启发

在学生对主题理解的基础上，引导他们通过不同的方式关注儿童生活，寻找其中的种种不便，并将这些设计问题列举出来。

下述内容为主题设计的研究过程，分别以李丹、李丽芳与宁子阳两组同学对主题的研究内容为例，用具体的设计案例分析，展示同一主题下学生推理演绎不同设计结果的全过程。

7.3 “儿童成长仪”设计

学生：李丹、李丽芳。

7.3.1 “我”的身体悄悄长

李丹、李丽芳：儿童的生活对于我们来讲是遥远、陌生的。对背景资料的搜集整理可以帮助我们很好地审视儿童。在老师的建议下我们翻阅了这方面的资料，发现其内容大多是以家长们关注孩子的吃、穿、住、用、行以及生长发育、心理健康等方面的问题为主。有些内容显得较为理论，有的还无法从设计的角度去解决。为此，老师要求我们对这些内容进行消化，围绕“便利”主题，从设计的角度提取与之相关的信息，见表 7-1。

表7-1 背景资料信息

类 别	关 键 信 息
衣	不会扣纽扣；跪地磨膝盖
食	边吃边玩；米粒满地飞；衣服弄脏
住	睡觉滚下床；没有娱乐空间
用	刷牙不干净；马桶座位大
行	容易走丢；外出游玩疲劳
玩	玩具满地飞；玩具功能单一；不能随时玩沙子
学	注意力不集中
生长发育	运动缺乏；个子矮小；肥胖导致行动迟缓
心理发育	爱吃手指；没有时间观念

这只是我们对儿童生活的初步了解，其认识还不够深入。因此我们想通过访谈、观察

的方式进一步对儿童群体用户需求进行挖掘。

师：需求分析是指需求的发掘和定义过程。需求分析的任务就是要全面地理解用户的各项要求，并围绕设计问题进行提取与表达。

这里我们选择了一个 6 岁的小女孩作为用户展开调研，通过对她及她所处的环境进行观察研究；希望从中可以获取相关的信息。

调查对象：豆豆。

年龄：6 岁。

身高：110cm。

体重：18kg。

家庭成员：爸爸、妈妈、外公、外婆；这是一个五口之家，孩子是这个家庭的核心成员。

调查时间：2013 年 10 月。

调查方式：实地考察（某小区家庭）。

调研内容一——访谈妈妈

调查者：“请问你们一般会关注孩子的哪些方面比较多一些？”

妈：“生长发育、能力培养，这些都会关注。3 岁之前更偏向关注她的生长发育情况。”

调查者：“那么你们具体会通过哪些方式或途径？”

妈：“除了家庭观察外，社会上也会提供一些帮助，比如 2 岁之前的社区卫生所检查，打防疫针；对体重、身高分阶段检查等，都可以帮助我们了解孩子的变化。”

调查者：“那现在还需要去检查吗？”

妈：“后期主要是家庭观察，防疫针还会是社区服务的项目，半年或一年一次；但是身高、体重一般不在公共检查的范围了。”

调研内容二——拍摄调查对象的生活环境

我们在豆豆小朋友的家门口拍到了一幅很有意思的图片，如图 7-1 所示。

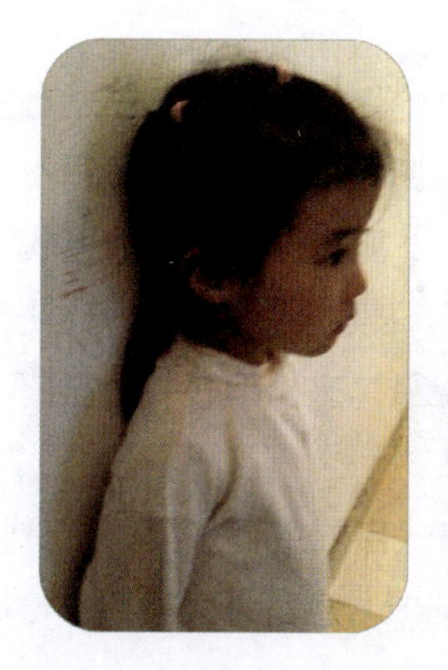
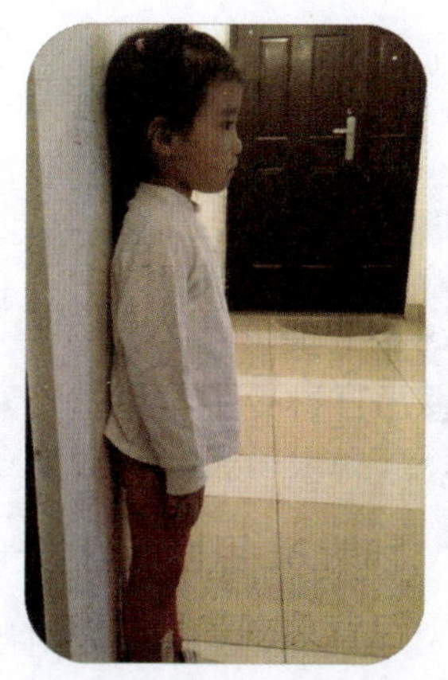
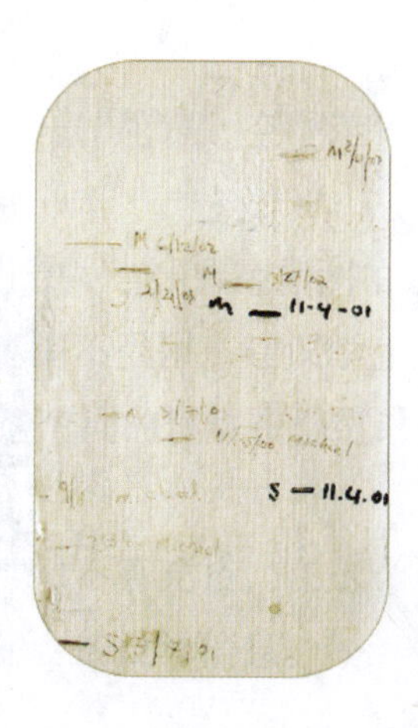

图 7-1　测量身高

豆豆妈妈告诉我们豆豆身高长得比较慢，家里人会经常惦记着给她量身高、体重；墙壁上歪歪扭扭的数字、日期正是豆豆三岁以后的（她是2008年出生）每一生长阶段家人用笔记录的具体身高数据。

李丹：这让我想起了小时候，我们的父母也做过同样的事情。因为市面上很容易买到测量体重的产品，但测量身高的产品大多还停留在直尺上。因此，许多家长为了方便，都采用了这样的"土方法"，如图7-2所示。

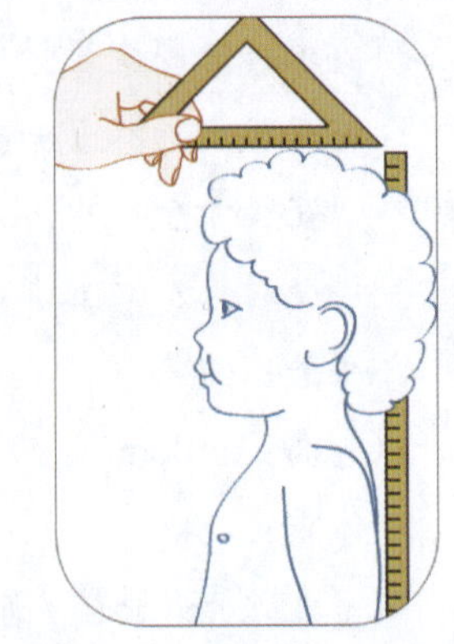
图7-2　传统的身高测量

可见，测量并记录孩子们的生长发育数值，观察他们的生长变化，是许多家长所共同关注的事。这对于本次的主题研究是一个很有价值的调研线索。

关键词：成长，变化，记录。

师：豆豆是5位同学（分两组）共同联系的调研对象。李丹、李丽芳这组同学从生活环境入手，发现了重要的生活细节——量身高。这是在一个三（或五）口之家再常见不过的事了，但在具体的测量中确实存在潜在的问题，如没有家用身高仪，每次的测量数据容易丢失等。从这些被人们视而不见的问题入手，更容易产生心理共鸣，是个很好的设计破题。

7.3.2　哪里可以测量呢

李丹、李丽芳：针对豆豆量身高的生活现象，我们的第一反应是还有没有其他方式测量身高、体重呢？带着这样的疑惑我们对现有的市场产品进行了调查。

在调查中，我们发现有很多常见的家用体重器或测量身高的产品，体重器一般多见于大人、小孩混用，而测量身高的产品则以刻度尺或刻度板这一类型为主，如图7-3所示。这类产品功能单一，局限性较为明显。

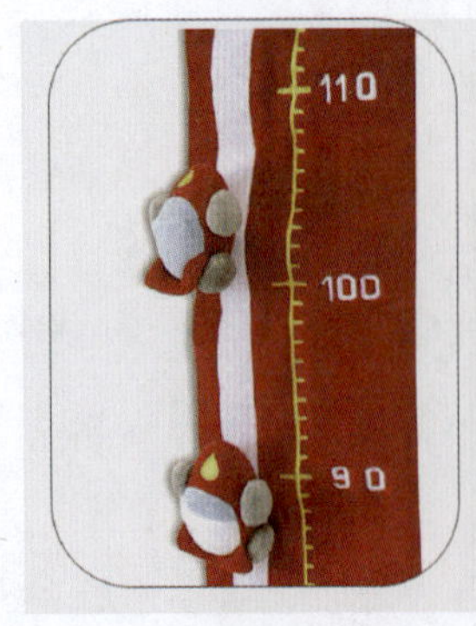

图7-3　常见的体重、身高测量产品

市场中还有一类产品，可兼具身高、体重测量功能为一体（图7-4）。这类产品功能丰富，有较强的实用性，我们想通过对这类产品进行深入的调查，来进一步发现它们的优势与不足，寻找新的市场机会。

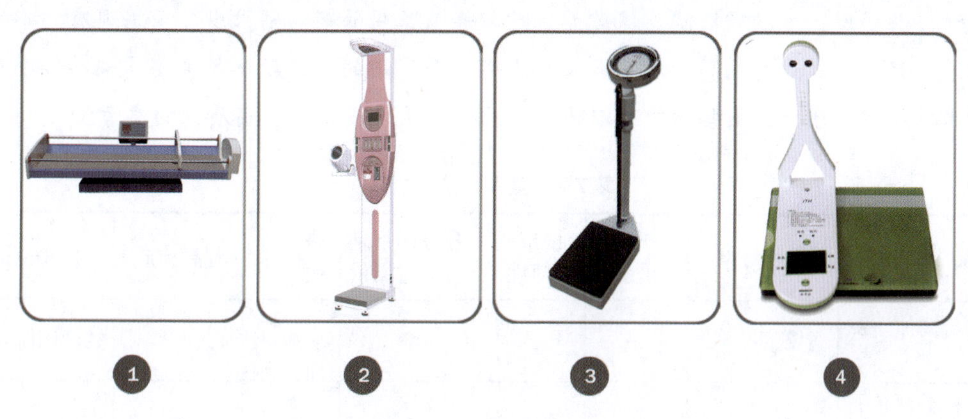

图7-4　市场同类产品

1. 卧式身高体重测量仪（婴幼儿体检型）（图7–4中1）

这种类型的测量仪主要针对还不能站立的婴儿群体，平板式的结构可以使婴儿躺在仪器上测量，产品由微处理器控制，操作方便简单，其测量的数据准确可靠。常被使用于社区、医院等场所。

2. 超声波测量身高体重仪（图7–4中2）

采用微电脑控制和先进的超声波测量技术，自动测量身高、体重，测量结果数码显示并语音报出，并可与计算机连接，以备存档。先进的超声波测高，精密传感器侧重，使测量迅速准确。

3. 身高体重秤（图7–4中3）

这类产品是目前市场上最常见的，一般测量可站立的儿童及成人，产品没有复杂的测量技术，简单易操作，但产品不适宜精细测量；主要适用于企业、学校、医院、保健站和体育运动部门检测体重与身高。

4.“健儿高”儿童成长护士（图7–4中4）

该产品是针对儿童成长发育的系统化高科技产品。它可自动上传和保存数据——孩子可以自主测量，数据自动上传至个人健康账户；跟踪成长过程——高精度的测量可以跟踪孩子每周的成长过程；及时发现发育异常——及时发现身高发育异常和体重肥胖趋势；及时发出预警——提醒父母采取干预措施，避免发育异常的继续发展；终生记录——数据自动保存在云数据库，建立终身健康档案，可以随时查询和下载。

在这里，我们从产品的功能、便携性、产品的形态语意等角度对调研的产品进行了对比分析，见表 7-2，从表格中我们可以发现，测量身高和体重两种功能兼具的产品大多数是用于公共场所，如社区医院、保健站、学校等，家用的产品则很少。根据现有的市场调查来看，只有一款“健儿高”儿童成长护士可以是家用的，这款产品主要是辅助矮小儿童进行跟踪治疗，该产品某些功能可以为我们此次的设计提供一些实质性的参考。

表7-2 竞争对象分析表

品　名	使用对象	产品语意	携带便捷性	身高体重是否同时测量	是否方便家用	保存方式	使用范围
卧式身高体重测量仪	婴幼儿			●	●		社区医院
“健儿高”儿童成长护士	儿童		●	●	●	●	家用、医用
超声波测量身高体重仪	儿童、成人			●			医用、社区、学校、保健站
身高体重秤	儿童、成人			●			医用、社区、学校、保健站

注：红色标记表示符合要求的部分。

7.3.3 强大的红外线技术

李丹、李丽芳：我们通过网络搜索了关于长度测量的各种方式，其中常用于建筑测量中的红外线技术引起了我们的关注。红外线简称红外，它是一种电磁波，可以实现数据的无线传输。自 1974 年被发明以来，红外线已在人们生活中得到很普遍的应用，如红外线鼠标、红外线打印机、红外线键盘等，如图 7-5 所示。

图 7-5 红外线测量仪器

红外的特征：红外传输是一种点对点的传输方式，无线，不能离得太远，要对准方向，且中间不能有障碍物，也就是不能穿墙而过。

我们想把红外线测量技术移植到儿童身高测量中，形成全新的测量方式，如图 7-6 所示。

图 7-6　红外线身高测量情境图

7.3.4 “Q”元素

1. 产品形态分析

李丹、李丽芳：如图 7-7 所示是根据日本的 Combi，美国的 boon、sassy 以及英国的 brother max 等品牌进行的产品分类。这些产品大多为儿童的生活用品，在形态上大多都以圆润的造型为主，视觉上有一定的亲和力；而在色彩上，英美国家侧重对比强烈的色彩，日本的儿童产品则更喜欢淡雅、宁静的色系。

考虑到产品可能面向 3 ~ 6 岁儿童，在造型上会延续上述产品的造型风格，以圆润型为主；色彩方面，由于该年龄段跨度较大，选择比较柔和的色系可以更能满足该年龄段的用户。制定的设计纲要如下。

（1）3 ~ 6 岁处于生长期儿童。

（2）具备活泼、可爱的性格特征；在家人的关注中逐渐成长起来。

图 7-7　产品风格分析

（3）体现功能性和艺术性的同时，也要具备与使用者身份相符的可爱化、趣味化。

（4）运用红外线技术进行测量。

（5）打破传统的身高体重测量仪的形式感，寻求简洁的设计外形。

（6）测量身高时，将脚印记录下来，使数据更具有成长意义。

2.“Q”语言

在课程开展之前，老师向我们推荐了几本课外读物，其中的《设计符号学》一书对我们有较大启发。书中有一段是这样阐述的：“产品语言的形成无非是沿着两种途径进行的，一种是由某种功能的载体自身即功能面构成造型因素作为产品的语言；另一种是由对其他事物的模仿造型作为产品语言。它们的整体形象首先是对产品类型的解说，而它们的细部和形式特征可能具有其他的指涉和意蕴，进而形成它们的审美特征。例如柔和的曲线造型具有女性象征；而硬朗的造型具有男性象征。”儿童产品中也应该具备与之相符合的造型语言，鲜艳的色彩、圆润笨重的造型都是可以用以表达的设计语言。

通过对上述内容的理解、分析，我们将与儿童成长仪相关的元素提取出来进行替代方案的思考与联想，主要借象征儿童可爱特征的字母“Q”（源自英文单词 cute——常用来形容儿童可爱；或 Q 版）来进行造型替代；这是一种修辞手法，借体字母 Q 与本体儿童产品之间具备内在关联，这里将两者的关系通过艺术修辞建立起来，形成新的产品。

7.3.5　设计发展

1. 形态优化

李丹、李丽芳：由于在测量时，使用者是站在产品上面，其视阈主要集中在产品的顶部功能区域；因此，在整个产品造型设计中，顶部的功能划分、形态语言显得尤为重要。

我们用二维软件将顶视图的形成过程进行了深入的分析。将大小不一的圆形进行叠加、分解、重组，最终形成如图 7-8 和图 7-9 所示的造型。

图 7-8　草图分析

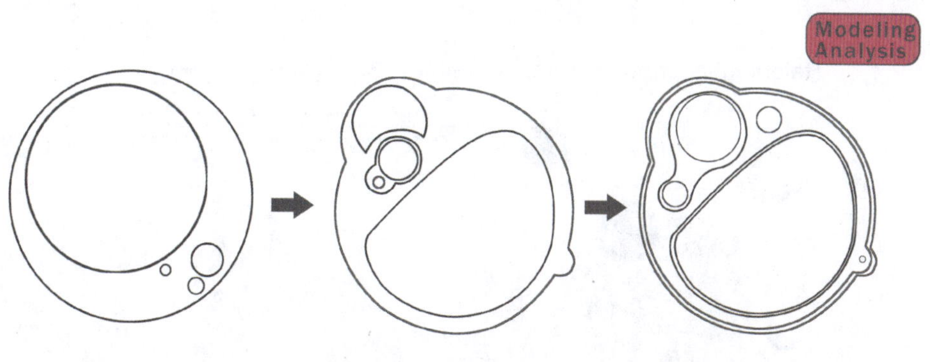

图 7-9　造型分析

师：在这里，李丹和李丽芳开始运用了几何分形的方法对产品造型进行整体塑造，但零散的按键使得整体效果并不完美，“Q”元素也没有在作品中体现出来；但后来通过对造型的加减处理，对圆这一几何形进行了有节奏的调整，使得整体造型趋于统一。

2. 色彩方案选择

如图 7-10 所示。

图 7-10　配色选择

3. 实物展示

如图 7-11 所示。

图 7-11　模型效果

4. 最终版面

如图 7-12 所示。

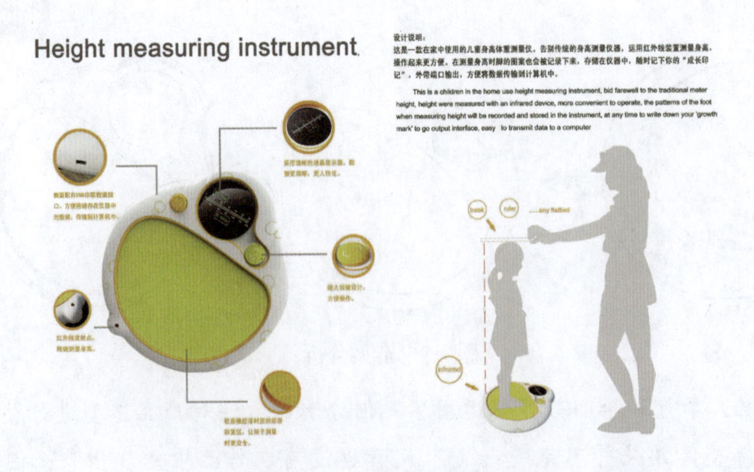

图 7-12　作品《成长印记》

注：本作品荣获 2012 年度全国大学生工业设计大赛江苏赛区二等奖，全国总赛区优秀奖。

师：李丹、李丽芳两位同学其实是抓住了儿童生活中非常微小的一个问题——量身高。古语道“勿以事小而不为”，身高、体重是衡量儿童身体发育情况的标准之一，测量身高、体重是儿童生活中必不可少的内容。围绕量身高所带来的问题，两位同学通过市场分析、用户分析、风格分析等一系列研究对新产品进行了准确定位。最终产品以字母Q为形态来源，抽取圆形的主要元素，将其有节奏地重复运用于造型之中，儿童化的造型语言使产品显得活泼可爱，非常符合用户特征。

7.4 “儿童科普仪”设计

学生：宁子阳（以下简称宁）。

7.4.1 “科普图书好难懂”

1. 问题搜索

宁：围绕课程主题，我通过阅览书籍杂志以及育儿网站，搜集了一些有关儿童生活“不便”的事例，并把这些不便因素进行了罗列，主要的问题如下。

（1）小孩子晚上经常出汗不好处理。

（2）儿童的玩具车种类多，放在家里太占地方。

（3）儿童在家很想念上班的爸爸妈妈。

（4）楼宇林立，小朋友相互之间互动交流变少。

（5）祖孙俩下完围棋，得一个个捡棋子，很麻烦。

（6）科普书籍抽象不直观，有碍儿童对科普知识的吸收理解。

“某天我将每晚必读的绘本换成了《儿童百科全书》讲给小妞听，她居然有些排斥……”①

当搜集到这则信息时，我顿时产生了一种共鸣，我觉得她的孩子一定是不能够理解书上的内容。记得我大概在7岁的时候，比较喜欢看《十万个为什么》、《神奇的地球》、《海底世界》等科普知识书籍，因为这些书籍能够给予我知识。那时候，经常会发现一些问题，好奇地与小朋友们讨论，然后找出问题的答案。但是，有时候往往看不懂某些内容，或者是要花很长的时间才能弄懂。这对我造成很大的困扰。

2. 用户调查分析

宁：在背景资料分析中，我回忆的个人经验不足以证明“科普书籍太枯燥”这一观点

① 摘自：亲子教育论坛。

的普遍性，还需要通过具体的用户调研验证这一观点。在老师的建议下，我抽取了15个孩子，对他们平时阅读书籍的类别及阅读兴趣进行了简短的问卷调查。

（1）您的孩子几岁？

A. 0～3　　B. 3～6　　C. 4～9　　D. 9～12

（2）您孩子的性别

A. 男　　B. 女

（3）对于科普类的书籍您的孩子是否感兴趣？

A. 是　　B. 否

（4）您的孩子爱看的书籍有哪些？

A. 故事绘本　　B. 科普类绘本　　C. 历史绘本　　D. 纯文字书籍

（5）您的孩子最常阅读的书有哪些？

____

（6）您在给孩子解读的过程中，孩子能否对您解读的内容充分理解？

A. 是　　B. 有时会不理解　　C. 大多数还不理解

（7）您给孩子增加科普知识的途径还有哪些？请用文字叙述。

____

通过问卷调查我对该问题总结如下。

在调研过程中发现，孩子们的认知过程本来就被各种好奇所充斥，一般情况下都不拒绝对知识的学习。3～8岁的孩子由于还不认识太多文字，大多数认知方式还是以形象思维为主，他们多爱看绘本或图书——绘本最大的优势是浅显易懂和连贯性，在儿童不认识字的情况下，儿童通过图案就能够大致明白主题内容；如果加上家长的解读，则更容易理解。他们喜欢看的绘本类科普书籍如图7-13所示，有《神奇的校车》、《从海洋到陆地：生命的演化》、《早上好，鸡蛋：各种各样的蛋》、《神奇的呼吸：各种各样的呼吸》、《千奇百怪的尾巴：有关尾巴》等。

图7-13　科普绘本

相比之下，儿童对文字类为主的书籍则鲜感兴趣，如《十万个为什么》、《世界百科全书》（图 7-14）等，孩子们更喜欢父母朗读给他们听。但是在听的过程中会遇到孩子不能理解的内容，那么家长们为了给孩子科普方面的启发，会借助计算机、手机等工具，用视频动画的形式帮助他们更好地消化知识内容。

图 7-14　科普书籍

关键词：科普，图例，直观，易理解。

科普书籍教育性虽然强，但文字让孩子感到枯燥无味，不喜欢看。孩子喜欢能引起感官刺激的图像或趣味性玩具，但许多玩具不具有科普知识的功能。若将科普知识融入玩具中，辅助儿童对科普知识的理解，则能有效地解决文字枯燥难理解的问题，具有一定的意义。

7.4.2　有趣的科普产品

宁：在产品竞争对象的分析中，首先我通过互联网搜索了“儿童科普玩具”，发现市场上的科普产品并不多，一般用于幼儿园或学校，老师借助这些产品帮助孩子理解相关知识；同时，家长也可在家中通过这类玩具与孩子进行亲子互动，增进相互间情感交流。

目前，科普产品主要有科普模型和科普玩具两类，科普模型主要以动手实践为主，涉及物理、化学、天文、数学等学科，模型还配备相关的教材，从科学原理到动手实验，简单易学，能快速激发小孩子对科普知识的学习兴趣；如图 7-15 所示，这款产品可以让孩子自己观察天空中星星的变化，能让孩子看见星星的运动是有规律的，在外出旅游的时候也可以带上星座仪，找一找一家人的星座，还可以培养孩子对天文学的兴趣，星座仪还可以根据一年四季进行调节。

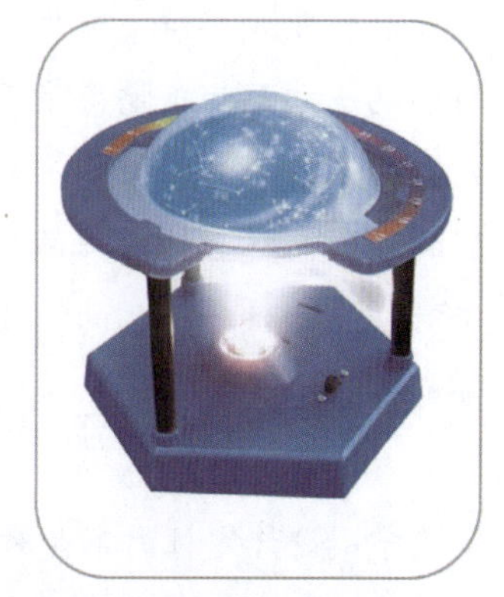

图 7-15　星座仪

类似产品如图 7-16 所示。

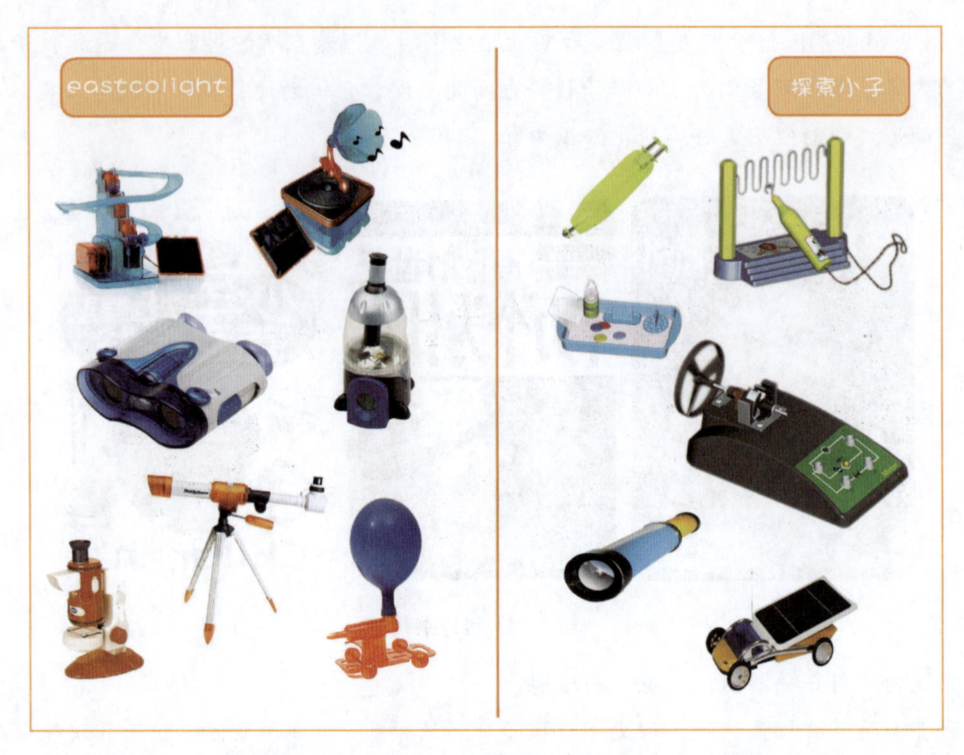

图 7-16　科普实验产品

这类产品主要适用于 8 岁以上的学龄儿童学习使用；还有一类是适合学龄前低龄儿童使用的科普玩具，如图 7-17 所示，它是把地理的科普知识融合到地球仪中，孩子边动手玩边学到知识，精致的地球仪带领着孩子探索地球，给孩子一种身临其境的感觉。产品可以帮助小朋友建立三维空间感，提高认知力，发展思维能力，锻炼手的灵活性。

总的来说，市场上的科普产品主要是向儿童灌输某一类知识，用寓教于乐的方式让孩子养成主动思考的好习惯，旨在开启发散式思维，激发孩子的想象力和创造力。市场调研的情况一方面让我觉得市场产品不饱和意味着存在很大的研究空间；另一方面，现有产品的内容为我本次课程提供了很好的参照，在后续的课程中可以以某一特殊领域或学科为研究对象进行科普产品的探究开发。

图 7-17　vtech/ 伟易达地球仪

7.4.3　设计定位

宁：设计定位离不开对不同的产品设计风格的研究分析，如图 7-18 所示。

第一组产品来源于“伟易达”、“孩之宝”等儿童玩具品牌，该类产品的主要特点是用趣味化的产品语言来迎合儿童的心理需求。

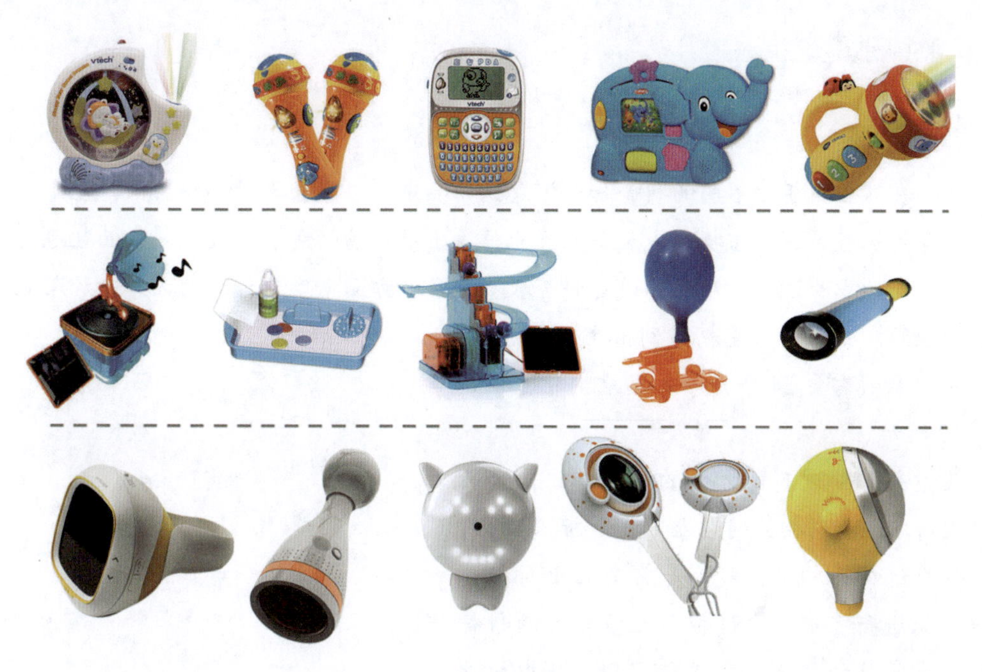

图 7-18　不同产品设计风格分析

第二组产品来源于“探索小子”，该品牌产品与上一类玩具产品相比，功能上显得相对专业，在产品形式上儿童语言使用较少，更侧重于产品的操作性、用户使用的体验性，这类产品因原理不同呈现的结构方式各异。

第三组产品来源于概念设计，这组作品的特点是将儿童产品电子化、概念化，运用简洁的设计语言，借助现代科技对儿童的生活方式、体验方式提出新的构想，具有一定的前瞻性。

关键词提炼：儿童化产品语言，体验性，科技型。

综合上述的分析内容，我想在后续的设计中提取上述不同产品的优秀特征，尝试运用儿童化的产品语言，提出概念性设想，来更好地解决科普知识不易理解的问题。

具体的设计定位如下。

（1）5 岁以上的孩子使用，具有教育意义。

（2）塑料制的，颜色丰富。

（3）儿童化、趣味化的设计语言。

（4）可供学校、家庭等多种环境使用。

（5）具有科普性。

（6）能够帮助儿童学习吸收相关科普知识。

（7）简单易懂。

（8）体验性、动手操控。

7.4.4 概念生成

1. 构思

宁：在这里我想把不同的科普知识汇总到产品中，以成长类的知识为例，儿童可以像养电子宠物一般等待动植物的成长，并且能计算出动植物的成长天数。一方面让他们知道动植物不同的成长过程，对他们进行科普教育；另一方面借助于计算的方式，加深他们对知识的理解。如人类从受精卵到出生需要10个月，而大象则需要24个月等。思维扩散过程如图7-19所示。

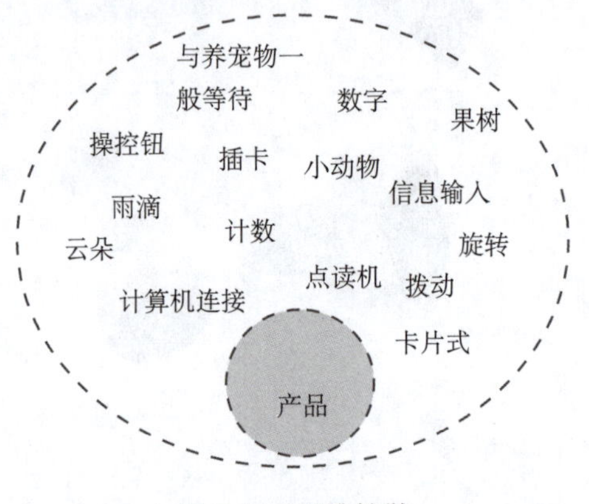

图7-19 思维扩散

儿童若想知道其他方面的科普知识，家长也可以借助网络到相关网站上下载更新。

依据这样的构思，我们非常有必要对相关科普知识进行了解，通过搜集儿童相关的科普书籍，对常见的科普内容进行罗列，从中挑选出最常见的科普案例，作为产品界面设计的支撑内容。

常见的科普知识如下。

（1）果树怎么生长?

（2）地球是怎么形成的?

（3）一年四季的特点分别是什么?

（4）茶叶是怎么做成的?

（5）小蝌蚪的妈妈是谁?

（6）雨水是怎么形成的?

（7）房子是怎么盖起来的?

（8）我从哪里来?

（9）蝴蝶从哪里来? 如图7-20所示。

图7-20 破茧成蝶

2. 草图分析

如图 7-21 所示。

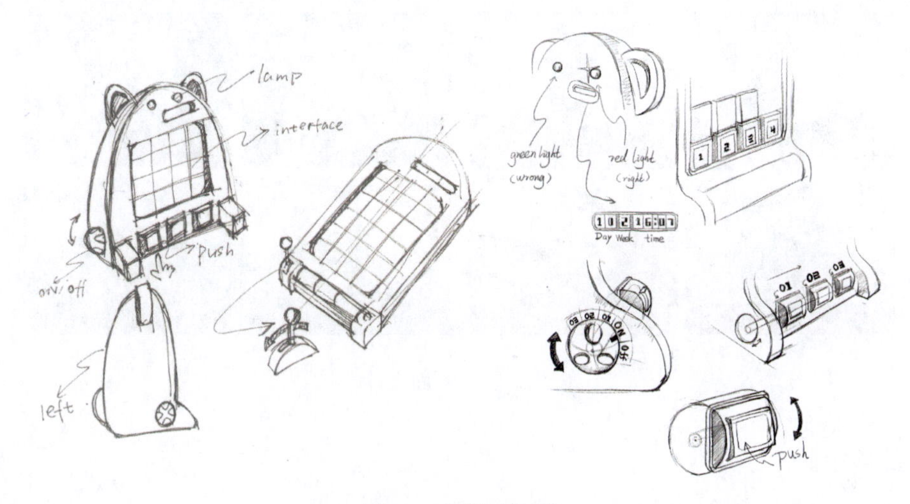

图 7-21　草图分析

3. 设计表现

如图 7-22 所示。

图 7-22　三维表现

操作规则：第一个阶段是种子，如种子到发芽需要 3 天，每天需要 5 次护理，时间倒数器（红灯下面的小长条凹槽）上就会显示 3 天与每天 5 次的护理（每次护理需要相关条件的成立，如水滴 + 阳光 + 泥土），每护理一次就会减掉一次，当 3 天都成功完成护理之后，格子里的种子会发光，第二阶段便开始，倒数器重新计时。每天少护理一次，便要多护理一天。

"动植物成长类"主题界面设计如图 7-23 所示。

图 7-23 界面设计

4. 最终版面

如图 7-24 所示。

图 7-24 "儿童科普仪"设计版面

师：儿童期是孩子们大量吸收知识的一个重要阶段，在这一阶段中，儿童在老师和家长的帮助下从外界吸收各种知识，宁子阳能够针对这一特殊需求，以科普知识为主导，设计出寓教于乐的儿童产品，为儿童学习深奥的科普知识提供了便利性的学习工具。

参 考 文 献

[1] 胡飞，杨瑞 . 设计符号与产品语意 [M]. 北京：中国建筑工业出版社，2012.

[2] 郑建启，胡飞 . 艺术设计方法学 [M]. 北京：清华大学出版社，2009.

[3] 胡桂芬 . 艺术设计中的逻辑思维与形象思维 [J]. 大众文艺，2011（14）.

[4] 张凌浩 . 下一个产品 [M]. 南京：江苏美术出版社，2009.

[5] 肖严志，唐德红 . 论产品设计中的概念化、视觉化、商品化 [J]. 艺术与设计，2009（10）.

[6]［瑞士］哥海德・休弗雷 . 北欧设计学院工业设计基础教程 [M]. 李亦文译，南宁：广西美术出版社，2006.

[7] 张明，陈嘉嘉 . 产品造型设计实务 [M]. 南京：江苏美术出版社，2005.

[8] 孙颖莹，傅晓云 . 设计的展开 [M]. 北京：中国建筑工业出版社，2009.

[9] 李亦文 . 产品设计原理 [M]. 北京：化学工业出版社，2011.

[10] 冉卫红 . 英雄的品质——中法服装设计主题教学丛书 [M]. 南京：江苏美术出版社，2005.

[11] 何晓佑 . 设计问题 [M]. 北京：中国建筑工业出版社，2003.

[12] Phyllis Richardson. Designed for kids[M]. London：Thames&Hudson, 2008.

[13] 柳贯中 . 工业设计学概论 [M]. 哈尔滨：黑龙江科学技术出版社，1997.